21世纪 技能创新型人才培养系列教材
机械设计制造系列

自动化生产线
安装与调试

主　编◎黄洋洋　武彩霞　赵　伟
副主编◎杨　芳　王腾飞　谭　波
　　　　王治杰　袁慧娟

U0385904

中国人民大学出版社
·北京·

图书在版编目（CIP）数据

自动化生产线安装与调试 / 黄洋洋，武彩霞，赵伟
主编. -- 北京：中国人民大学出版社，2022.8
21世纪技能创新型人才培养系列教材. 机械设计制造
系列
ISBN 978-7-300-30938-5

Ⅰ.①自… Ⅱ.①黄… ②武… ③赵… Ⅲ.①自动生
产线－安装－教材②自动生产线－调试方法－教材 Ⅳ.
①TP278

中国版本图书馆CIP数据核字（2022）第153043号

21世纪技能创新型人才培养系列教材·机械设计制造系列
自动化生产线安装与调试
主　编　黄洋洋　武彩霞　赵　伟
副主编　杨　芳　王腾飞　谭　波　王治杰　袁慧娟
Zidonghua Shengchanxian Anzhuang yu Tiaoshi

出版发行	中国人民大学出版社			
社　　址	北京中关村大街31号	**邮政编码**	100080	
电　　话	010 - 62511242（总编室）	010 - 62511770（质管部）		
	010 - 82501766（邮购部）	010 - 62514148（门市部）		
	010 - 62515195（发行公司）	010 - 62515275（盗版举报）		
网　　址	http://www.crup.com.cn			
经　　销	新华书店			
印　　刷	北京密兴印刷有限公司			
开　　本	787 mm×1092 mm　1/16	**版　　次**	2022年8月第1版	
印　　张	14.25	**印　　次**	2025年1月第2次印刷	
字　　数	340 000	**定　　价**	45.00元	

P·R·E·F·A·C·E

前言

　　党的二十大报告指出，教育、科技、人才是全面建设社会主义现代化国家的基础性、战略性支撑。教育是国之大计、党之大计。职业教育是我国教育体系的重要组成部分，肩负着"为党育人、为国育才"的神圣使命。本教材以习近平新时代中国特色社会主义思想为指导，深入贯彻落实党的二十大精神，将思想道德建设与专业素质培养融为一体，着力培养爱党爱国、敬业奉献，具有工匠精神的高素质技能人才。

　　2015年5月，国务院印发《中国制造2025》，部署全面推进实施制造强国战略。智能制造工程是《中国制造2025》五大工程之一，智能制造工程的核心是智慧产品和智慧工厂，自动化生产线是实现智能制造工程的基础。

　　自动化生产线是一种较为典型的机电一体化装置，融合了机械传动、液压气动、传感器、PLC、通信网络、电机驱动、电气控制、人机交互、工业机器人等多种技术。"自动化生产线安装与调试"是机电一体化技术专业的核心课程。

　　亚龙YL-1633B型工业机器人循环生产线实训装备在原亚龙YL-335B型智能搬运生产线实训考核装备的基础上新增了多功能夹具装置、双机械手输送单元、改良入料口等，解决了原机械手不能循环搬运的问题。

　　本书以YL-1633B型自动化生产线为载体，按照自动化生产线的工作过程进行实践项目设计，体现了由简单到复杂，由单一到综合的工作过程。为了更好地进行实践教学以及知识拓展，在实践篇前加入了准备篇和基础篇，基础篇不仅涵盖了实践项目中所需要的理论知识和相关技能，还对研究自动化生产线所需要的知识加以扩展，使书中内容在适度、够用的原则下，兼顾知识扩展和能力提升功能。

　　准备篇以认知实践载体为主要内容，介绍了YL-1633B的外形、结构以及相关电气控制系统。基础篇以自动化生产线核心技术为主，介绍了气动技术、传感器技术、变频控制技术在自动化生产线中的应用，以及伺服电机及控制、人机界面与组态技术、工业机器人技术应用等相关知识。实践篇以YL-1633B为载体，按照自动化生产线的工作过程及各单元的工作情况，设计7个实践项目，即供料单元、加工单元、装配单元、分拣单元、输送单元和码垛单元的安装与调试，以及自动化生产线整体联调。本书注重对学生的自动化生产线安装与调试的综合实践能力的训练，以及安装与调试过程中相关文档的编写和整理能力的培养。

由于时间仓促加之编者水平有限，书中难免存在疏漏之处，恳请广大读者批评指正。

编者

实践篇 YL-1633B 自动化生产线的安装与调试

YL-1633B 型自动化生产线的组成与功能

 知识目标

- 掌握自动化生产线的组成。
- 掌握 YL-1633B 型自动化生产线实训考核装备的组成与功能。
- 掌握 YL-1633B 型自动化生产线实训考核装备控制系统的组成。

 能力目标

- 能够准确叙述各个工作单元的功能。
- 能够绘制出供电电源模块一次回路原理图。
- 能够正确给各个工作单元通电。

 素质目标

- 遵循国家标准,操作规范。
- 工作细致,态度认真。
- 团结协作,有创新精神。

实训准备 1　安全使用注意事项

　　教育技术装备是教育改革进程的重要环节，在教学实验与实习、技能培训和考核方面，在应知应会等鉴定方面，在理论与实践相结合方面，在教学与生产相联系及培养学生动手能力、思维能力、创新能力方面有着不可替代的作用。正确使用及保养教育技术装备至关重要，不仅能为工作和学习提供方便，而且能延长装备的使用寿命和应用周期，更能发挥有形资产的功能、培育人才这一无形资产。

　　（1）使用装备前必须熟悉产品技术说明书、使用说明书和实验指导书，按厂方提出的技术规范和程序进行操作和实验。

　　（2）注重装备的环境保护，避免暴晒、水浸及腐蚀物的侵袭，确保装备的绝缘电阻、耐压系数、接地装置及室内的温度、湿度和净化度处于正常状态。在掌握安全用电知识的前提下工作。

　　（3）提倡装备在常规技术参数范围内工作，尽量避免在极限技术参数范围内操作，禁止装备在超越技术参数范围外工作，即可进行常规性实验，限制进行极限性实验，禁止进行破坏性实验。

　　（4）实验、培训时，对于搭建的各种电路，检查无误后方可通电。

　　（5）避免对装备造成撞击，或使装备承受超越承载能力和受冲击能力的外力，否则会导致装备变形，甚至损坏。

　　（6）对于各种单元板、单元模块和仪表，要轻拿、稳放，切勿出现拖、摔、磁化等情况，以免损坏。

　　（7）如装备出现漏电、缺相、短路甚至电火花、机械噪声、异味、冒烟等现象，或仪表、灯光显示异常，应及时按下急停开关，并立即断电，进行维修，切勿带电操作。

　　（8）尽量避免电灾害、磁干扰及振动对装备造成允许范围外的伤害。

　　（9）对于长期不使用的装备，要定期进行检查、维护、保养，方能再次投入使用。

随着轻工业技术的发展和工厂规模的日益扩大，产品的产量不断提高，原来的单机已经不能满足现代化生产需求。现代化工厂多采用由电子计算机、智能机器人、各种高级自动化机械以及智能型检测、控制、调节装置等按产品生产工艺要求组合成的全自动生产系统进行生产。20 世纪 20 年代，汽车工业出现了流水生产线和半自动化生产线，随后发展成为自动化生产线。随着科学技术的进步和经济的发展，工业生产领域已广泛使用各种各样的自动化生产线。进入 21 世纪，自动化生产线得到了更广泛的应用。

2.1　YL-1633B 型自动化生产线的基本结构

YL-1633B 型自动化生产线实训考核装备由安装在铝合金导轨式实训台上的供料单元、加工单元、装配单元、分拣单元、输送单元、码垛单元共 6 个单元组成。其外观如图 2-1 所示。

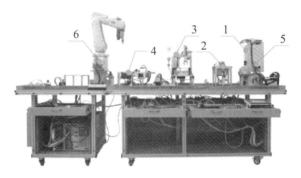

图 2-1　YL-1633B 型自动化生产线的外观
1—供料单元；2—加工单元；3—装配单元；4—分拣单元；5—输送单元；6—码垛单元

其中，每个工作单元都可自成一套独立的系统，同时又都是机电一体化系统。各个单元的执行机构基本以气动执行机构为主，但输送单元的机械手装置的整体运动采取步进电动机驱动、精密定位的位置控制系统控制，该驱动系统具有长行程、多定位点的特点，是一个典型的一维位置控制系统。分拣单元的传送带驱动由通用变频器驱动的三相异步电动机带动交流传动装置实现。位置控制和变频调速技术是现代工业企业应用最为广泛的电气控制技术之一。

在 YL-1633B 上应用了多种类型的传感器，分别用于判断物体的运动位置、物体通过的状态、物体的颜色及材质等。传感器技术是机电一体化技术中的关键技术之一，是现代工业实现高度自动化的前提。

在控制方面，YL-1633B 采用了基于 RS485 串行通信的 PLC 网络控制方案，即每一工作单元由一台 PLC 承担控制任务，各 PLC 之间通过 RS485 串行通信实现互联的分布式控制方式。用户可根据需要选择不同厂家的 PLC 及其所支持的 RS485 通信模式，组建成一个小型的 PLC 网络。小型 PLC 网络以其结构简单、价格低廉的特点在小型自动化生产线领域有着广阔的应用空间，在现代工业网络通信领域占据相当的份额。另外，掌握基于 RS485 串行通信的 PLC 网络技术，将为进一步学习现场总线技术、工业以太网技术等打下良好的基础。

2.2 YL-1633B 型自动化生产线的基本功能

YL-1633B 各工作单元在实训台上的分布如图 2-2 所示。

图 2-2 YL-1633B 俯视图

供料单元

各个单元的基本功能如下：

1. 供料单元的基本功能

供料单元是 YL-1633B 中的起始单元，在整个系统中起着向系统中的其他单元提供原料的作用。具体功能是根据需要将放置在料仓待加工的工件（原料）自动推到物料台上，以便输送单元的机械手抓取并输送到其他单元。如图 2-3 所示为供料单元。

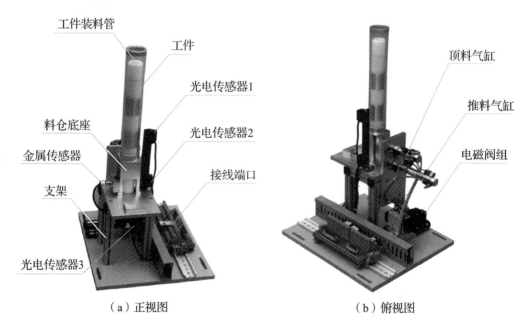

（a）正视图　　　　　　　　（b）俯视图

图 2-3 供料单元

2. 加工单元的基本功能

将物料台上的工件（工件由输送单元的抓取机械手送来）送到冲压机构，完成一次冲压加工动作，然后送回物料台，待输送单元的抓取机械手取出。如图 2-4 所示为加工单元。

加工单元

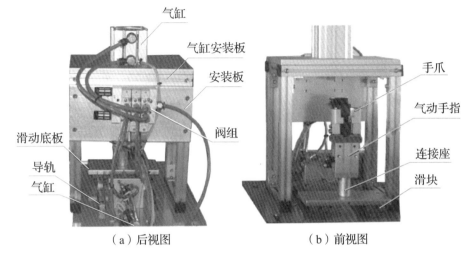

（a）后视图　　　　（b）前视图

图 2-4　加工单元

3. 装配单元的基本功能

将料仓内的黑色或白色小圆柱工件嵌入已加工的工件中。如图 2-5 所示为装配单元。

装配单元

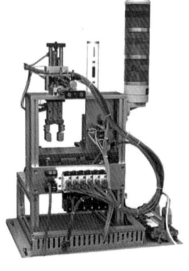

图 2-5　装配单元

分拣单元

4. 分拣单元的基本功能

对上一单元送来的已加工、装配的工件进行分拣，使不同颜色的工件从不同的料槽分流。如图 2-6 所示为分拣单元。

5. 输送单元的基本功能

通过直线运动传动机构驱动抓取机械手，精确定位到指定单元的物料台上，抓取工件，将工件输送到指定位置后放下，实现工件传送。如图 2-7 所示为输送单元。

输送单元

直线运动传动机构可采用伺服电动机或步进电动机驱动，具体视实训目的而定。YL-1633B 的标准配置为伺服电动机。

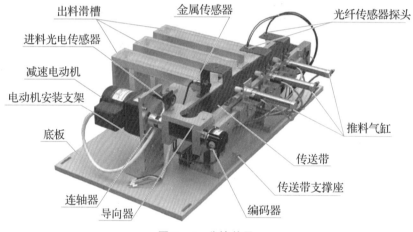

图 2-6　分拣单元

6. 码垛单元的基本功能

对分拣后的物料进行入库处理，对库里的物料进行拆分出库处理。如图 2-8 所示为码垛单元。

图 2-7　输送单元

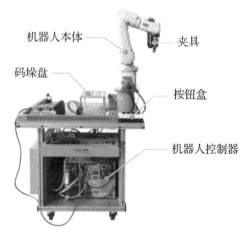

图 2-8　码垛单元

3.1　YL-1633B 工作单元的结构特点

　　YL-1633B 各工作单元的结构特点是机械装置和电气控制部分相对分离。每个工作单元的机械装置均整体安装在底板上，而控制工作单元生产过程的 PLC 装置则安装在工作台两侧的抽屉板上。因此，工作单元机械装置与 PLC 装置之间的信息交换是一个关键问题。YL-1633B 的解决方案是：机械装置上的各电磁阀和传感器的引线均连接到装置侧的接线端口上，PLC 的 I/O 引出线则连接到 PLC 侧的接线端口上。两个接线端口间通过多芯信号电缆互连。装置侧接线端口如图 3 - 1 所示，PLC 侧接线端口如图 3 - 2 所示。

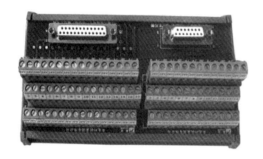

图 3 - 1　装置侧接线端口　　　　　　　　　　图 3 - 2　PLC 侧接线端口

　　装置侧的接线端口的接线端子采用 3 层端子结构：上层端子用于连接 DC 24V 电源的 ＋24V 端；底层端子用于连接 DC 24V 电源的 0V 端；中间层端子用于连接各信号线。

　　PLC 侧的接线端口的接线端子采用 2 层端子结构：上层端子用于连接各信号线，其端子号与装置侧的接线端口的接线端子相对应；底层端子用于连接 DC 24V 电源的 ＋24V 端和 0V 端。

　　装置侧的接线端口和 PLC 侧的接线端口之间通过专用电缆连接。其中，25 针接头电缆连接 PLC 的输入信号，15 针接头电缆连接 PLC 的输出信号。

3.2　YL-1633B 的控制系统

　　（1）YL-1633B 的每个工作单元都可自成一个独立的系统，同时也可以通过网络互联构成一个分布式控制系统。

　　当工作单元自成一个独立系统时，其设备运行的主令信号以及运行过程中的状态显示信号来源于该工作单元按钮指示灯模块。按钮指示灯模块如图 3 - 3 所示。模块上的指示灯和按钮的端脚全部引到端子排上。

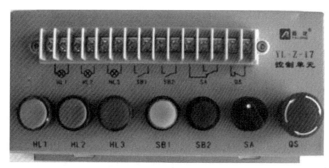

图 3-3 按钮指示灯模块

模块盒上的器件如下：

1) 指示灯（DC+24V）：黄色（HL1）、绿色（HL2）、红色（HL3）各一个。

2) 主令电器元件：绿色常开按钮 SB1 一个，红色常开按钮 SB2 一个，选择开关 SA（一对转换触点），急停按钮 QS（一个常闭触点）。

当各工作单元通过网络互联构成一个分布式控制系统时，对于采用西门子 S7-200smart 系列 PLC 的设备，YL-1633B 的标准配置是采用 PPI 协议的通信方式。设备出厂的控制方案如图 3-4 所示。

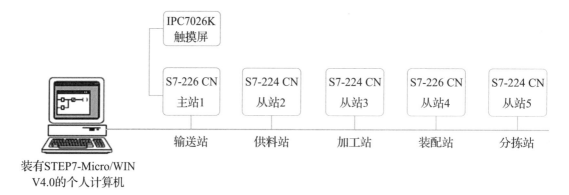

图 3-4 YL-1633B 的 PPI 网络

（2）各工作站 PLC 的配置如下：

1) 输送单元：S7-226 DC/DC/DC 主单元，共 24 点输入和 16 点晶体管输出。

2) 供料单元：S7-224 AC/DC/RLY 主单元，共 14 点输入和 10 点继电器输出。

3) 加工单元：S7-224 AC/DC/RLY 主单元，共 14 点输入和 10 点继电器输出。

4) 装配单元：S7-226 AC/DC/RLY 主单元，共 24 点输入和 16 点继电器输出。

5) 分拣单元：S7-224 XP AC/DC/RLY 主单元，共 14 点输入和 10 点继电器输出。

（3）人机界面。

系统运行的主令信号（复位、启动、停止等）通过人机界面（触摸屏）给出。同时，人机界面上会显示系统运行的各种状态信息。

人机界面是操作人员和设备之间进行双向沟通的桥梁。人机界面有助于操作人员明确指示，了解设备目前的状况，使操作变得简单生动，还可以减少操作上的失误，即使是新手也可以轻松地操作整个设备。使用人机界面还可以使设备的配线标准化、简单化，减少PLC 控制器所需的 I/O 点数，降低生产成本。同时，由于采用了面板控制，因此实现了设备的小型化及高性能，相对提高了设备的附加值。

YL-1633B 采用昆仑通态（MCGS）TPC7062KS 触摸屏作为人机界面。TPC7062KS 是一款以嵌入式低功耗 CPU 为核心（主频 400MHz）的高性能嵌入式一体化工控机。该产品采用了 7in（in＝0.025 4m）高亮度 TFT 液晶显示屏（分辨率 800×480），四线电阻式触摸屏（分辨率 4096×4096），还预装了微软嵌入式实时多任务操作系统 WinCE.NET（中文版）和 MCGS 嵌入式组态软件（运行版）。

（4）供电电源。

外部供电电源分为两部分。一部分为生产线供电电源，为三相五线制 AC380V/220V，如图 3-5 所示为供电电源模块一次回路原理图。总电源开关选用 DZ47LE-32/C32 型三相四线漏电开关。系统各主要负载通过自动开关单独供电。其中，变频器电源通过 DZ47C16/3P 三相自动开关供电；各工作站 PLC 均采用 DZ47C5/1P 单相自动开关供电。此外，系统配置了 4 台 DC 24V 6A 开关稳压电源，分别用作供料单元、加工单元、分拣单元、输送单元的直流电源。

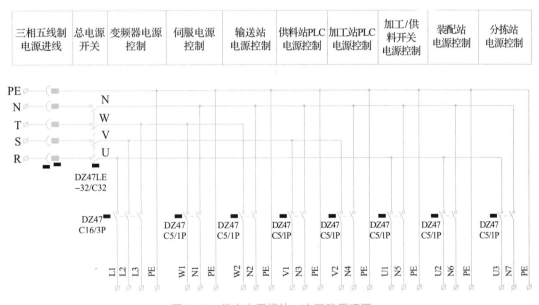

图 3-5　供电电源模块一次回路原理图

生产线配电箱设备安装效果如图 3-6 所示。

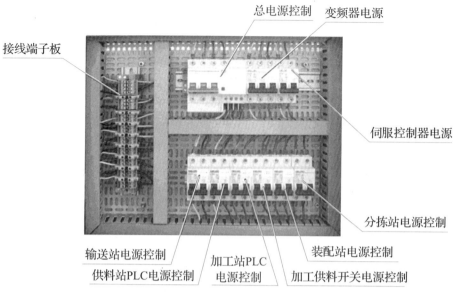

图 3-6　生产线配电箱设备安装效果

另一部分为机器人供电电源，其配电箱设备安装效果如图 3-7 所示。

图 3-7　机器人配电箱设备安装效果

即测即评一

YL-1633B 型自动化生产线的核心技术

 知识目标

- 了解磁性开关的工作原理。
- 掌握磁性开关的安装、接线与调试方法。
- 了解电感式接近开关的工作原理。
- 掌握电感式接近开关的安装、接线与调试方法。
- 了解光电传感器的工作原理。
- 掌握光电传感器的安装、接线与调试方法。

 能力目标

- 能够根据实际情况熟练选择并使用各类传感器。
- 能够安装并调试各类传感器。
- 能够正确给各个工作单元通电。

 素质目标

- 遵循国家标准，操作规范。
- 工作细致，态度认真。
- 团结协作，有创新精神。

气压传动技术

　　自动化生产线中的许多动作,如机械手的抓取等都是靠气压传动来实现的。气压传动系统以压缩空气为工作介质来进行能量与信号的传递,利用空气压缩机将电动机或其他原动机输出的机械能转变为空气的压力能,然后在控制元件的控制和辅助元件的配合下,通过执行元件把空气的压力能转变为机械能,从而完成直线或回转运动并对外做功。

1.1　气源及辅助元件

　　气源装置是将原动机输出的机械能转变为空气的压力能,为气压传动系统提供动力的部分。气源装置通常由以下几部分组成:空气压缩机、储存净化空气的装置和设备、传输压缩空气的管路系统。如图 1-1 所示为静音气泵。

图 1-1　静音气泵

　　气动辅助元件是气动控制系统的基本组成器件,作用是除去压缩空气中所含的杂质及凝结水,调节并保持恒定的工作压力。使用时,应经常检查过滤器中凝结水的水位,在超过最高标线以前必须排放,以免被重新吸入而导致故障。气动辅助元件的气路入口处安装一个快速气路开关,用于启/闭气源,当把气路开关向左拔出时,气路接通气源;反之,开关向右推入时关闭。如图 1-2 所示为气源处理组件。

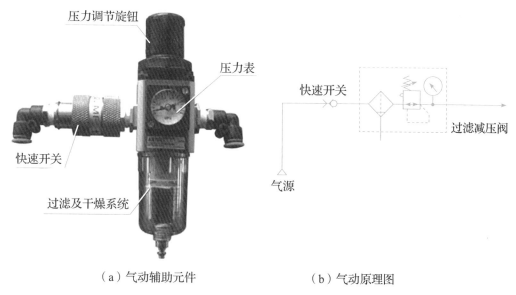

（a）气动辅助元件　　　　　　　（b）气动原理图

图 1-2　气源处理组件

气动辅助元件的输入气源来自空气压缩机，输入压力为 0.6～1.0MPa，输出压力为 0～0.8MPa，可调。输出的压缩空气通过快速三通接头和气管输送到各工作单元。

1.2　气动执行元件

1. 标准双作用直线气缸

气动执行元件

标准气缸是指功能和规格是供普遍使用的、容易制造的、通常作为通用产品供应市场的气缸。

双作用气缸是指活塞的往复运动均由压缩空气来推动的气缸。如图 1-3 所示为标准双作用直线气缸的半剖面图。气缸的两个端盖上设有进、排气口，从无杆侧端盖气口进气时，推动活塞向前运动；反之，从有杆侧端盖气口进气时，推动活塞向后运动。

双作用气缸具有结构简单、输出力稳定、行程可根据需要选择的优点，但由于是利用压缩空气交替作用于活塞上实现伸缩运动，回缩时压缩空气的有效作用面积较小，因此回缩时产生的力要小于伸出时产生的推力。

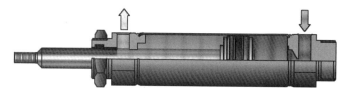

图 1-3　标准双作用直线气缸的半剖面图

2. 薄型气缸

薄型气缸属于省空间气缸类，即气缸的轴向或径向尺寸比标准气缸有较大减小，具有结构紧凑、重量轻、占用空间小等优点。如图 1-4 所示为薄型气缸。

图 1-4　薄型气缸

薄型气缸的特点：缸筒与无杆侧端盖压铸成一体，杆盖用弹性挡圈固定，缸体为方形。这种气缸通常用于固定夹具和搬运中固定工件等。在 YL-1633B 的加工单元中，薄型气缸用于冲压，这主要是利用该气缸行程短的特点。

3. 气动手指（气爪）

气动手指用于抓取、夹紧工件。气动手指通常有滑动导轨型、支点开闭型和回转驱动型等。YL-1633B 的加工单元所使用的是滑动导轨型气动手指，如图 1-5（a）所示，其工作原理如图 1-5（b）和图 1-5（c）所示。

支点开闭型

滑动导轨型

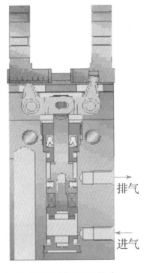

排气

进气

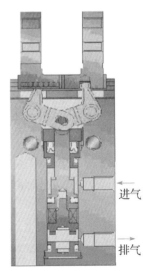

进气

排气

（a）气动手指　　　　（b）气动手指松开状态　　　（c）气动手指夹紧状态

图 1-5　气动手指及其工作原理

4. 气动摆台

回转物料台的主要器件是气动摆台，由直线气缸驱动齿轮齿条实现回转运动，回转角度可在 0°～90° 和 0°～180° 之间任意调节，而且可以安装磁性开关，检测旋转到位信号，多用于方向和位置需要变换的机构。气动摆台如图 1-6 所示。

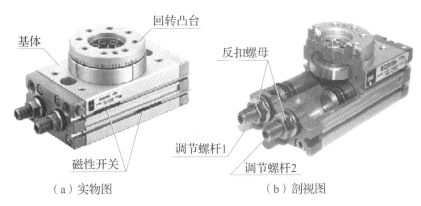

（a）实物图　　　　　　　　　　　（b）剖视图

图 1-6　气动摆台

当需要调节回转角度或调整摆动位置精度时，应首先松开调节螺杆上的反扣螺母，通过旋入和旋出调节螺杆，来改变回转凸台的回转角度，调节螺杆 1 和调节螺杆 2 分别用于左旋和右旋角度的调整。当调整好摆动角度后，应将反扣螺母与基体反扣锁紧，防止调节螺杆松动，导致回转精度降低。

信号的回转到位是通过调整气动摆台滑轨内的 2 个磁性开关的位置实现的，如图 1-7 所示为磁性开关位置调整。磁性开关安装在气缸体的滑轨内，松开磁性开关的紧定螺钉，磁性开关就可以沿着滑轨左右移动。确定开关位置后，旋紧紧定螺钉，即可完成位置的调整。

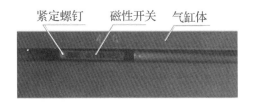

图 1-7　磁性开关位置调整

5. 导向气缸

导向气缸是指具有导向功能的气缸，一般为标准气缸和导向装置的集合体。导向气缸具有导向精度高、抗扭转力矩大、承载能力强、工作平稳等特点。

装配单元中，用于驱动装配机械手水平方向移动的导向气缸如图 1-8 所示。该气缸由直线运动气缸、双导杆和附件组成。

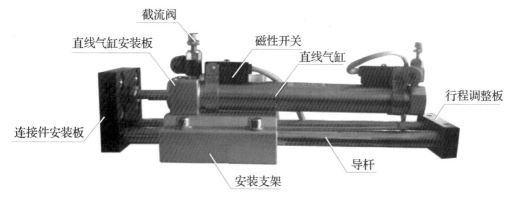

图 1-8　导向气缸

安装支架用于导杆导向件的安装和导向气缸的固定。连接件安装板用于固定其他需要连接到该导向气缸上的元件，并用于固定两导杆和直线气缸活塞杆的相对位置，当直线气缸的一端接通压缩空气后，活塞被驱动做直线运动，活塞杆也一起移动，通过连接件安装板固定到一起的两导杆随活塞杆伸出或缩回，从而实现导向气缸的整体功能。安装在导杆末端的行程调整板用于调整该导杆气缸的伸出行程。具体调整方法是先松开行程调整板上的紧定螺钉，使行程调整板在导杆上移动，达到理想的伸出距离以后，再完全锁紧紧定螺钉，即可完成行程的调节。

1.3　气动控制元件

1. 单向节流阀

为了使气缸的动作平稳可靠，通常使用单向节流阀对气缸的运动速度加以控制。单向节流阀是由单向阀和节流阀并联而成的流量控制阀，常用于控制气缸的运动速度，所以也称为速度控制阀。

如图 1-9 所示为在双作用气缸上安装两个单向节流阀的示意图，这种连接方式称为排

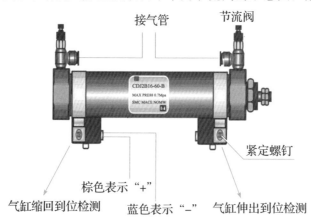

图 1-9　安装有单向节流阀的气缸

气节流方式。即当压缩空气从 A 端进气、从 B 端排气时，单向节流阀 A 的单向阀开启，向气缸无杆腔快速充气；由于单向节流阀 B 的单向阀关闭，有杆腔的气体只能经节流阀排气，调节节流阀 B 的开度，便可改变气缸伸出时的运动速度。反之，调节节流阀 A 的开度则可改变气缸缩回时的运动速度。在这种控制方式下，活塞运行稳定，是最常用的速度控制方式之一。

节流阀上自带有气管快速接头，只需将外径合适的气管连接到快速接头上即可，使用十分方便。

2. 单电控电磁换向阀、电磁阀组

方向控制阀

如前所述，顶料或推料气缸的工作原理是气缸一端进气、另一端排气，然后反过来，另一端进气、这一端排气来推动活塞往复运动。气体流动方向的改变或通断通过方向控制阀来实现。在自动控制中，方向控制阀常采用电磁控制方式，所以又称为电磁换向阀。

电磁换向阀利用其电磁线圈通电时，静铁芯对动铁芯产生电磁吸力使阀芯切换，达到改变气流方向的目的。如图 1-10 所示为一个单电控二位三通电磁换向阀的工作原理。

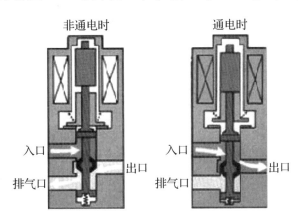

图 1-10　单电控二位三通电磁换向阀的工作原理

"位"指的是为了改变气体流动方向，阀芯相对于阀体所处的不同的工作位置。"通"指的是换向阀与系统相连的通口，有几个通口即为几通。如图 1-11（a）所示，电磁换向阀有两个工作位置，有供气口、工作口和排气口，故称为二位三通阀。

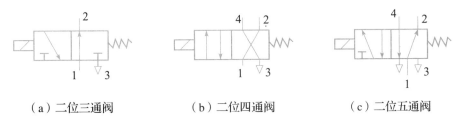

（a）二位三通阀　　　　（b）二位四通阀　　　　（c）二位五通阀

图 1-11　部分单电控电磁换向阀的图形符号

如图 1-11 所示，分别为二位三通、二位四通和二位五通单电控电磁换向阀的图形符号，图形中有几个方格就是几位，方格中的"┳"和"┴"符号表示各接口互不相通。

YL-1633B 的所有工作单元的执行气缸都是双作用气缸，因此控制它们工作的电磁阀需要有 2 个工作口、2 个排气口和 1 个供气口，故使用的电磁阀均为二位五通电磁阀。供料单元使用了两个二位五通单电控电磁阀，这两个电磁阀带有手动换向和加锁钮，有锁定（LOCK）和开启（PUSH）2 个位置。用螺钉旋具将加锁钮旋至 LOCK 位置时，手控开关向下凹进去，即不能进行手控操作。只有在 PUSH 位置时可进行操作。信号为"1"，等同于该侧的电磁信号为"1"；常态时，手控开关的信号为"0"。进行设备调试时，可以使用手控开关对阀进行控制，从而实现对相应气路的控制，达到调试的目的。

供料单元使用的两个电磁阀集中安装在汇流板上。汇流板的两个排气口末端均连接了消声器，消声器的作用是减少向大气排放压缩空气时的噪声。这种将多个阀与消声器、汇流板等集中在一起，构成的控制阀集成称为阀组，其中每个阀的功能是独立的。阀组的结构如图 1-12 所示。

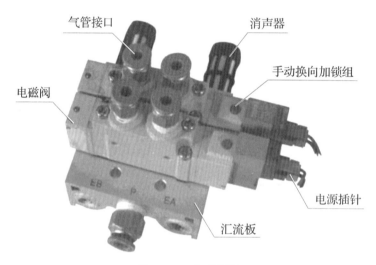

图 1-12 电磁阀组

1.4 真空发生器

真空发生器是利用正压气源产生负压的一种新型、高效、清洁、经济、小型的真空元器件，这使得系统获得负压变得十分方便。真空发生器广泛应用在工业自动化系统中，如进行物料的吸附、搬运，尤其适用于吸附易碎的、柔软的、薄的非金属材料或球形物体。在这类应用中，设备所需的抽气量小，真空度要求不高，且为间歇性工作。

真空发生器的工作原理是利用喷管高速喷射压缩空气，在喷管出口形成射流，产生卷吸流动效果。在卷吸作用下，喷管出口周围的空气被不断地吸走，使吸附腔内的压力降至大气压以下，形成一定的真空度。真空发生器的工作原理如图 1-13 所示。

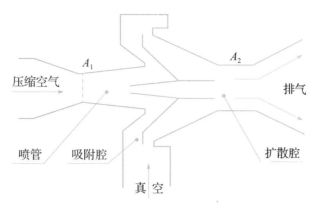

图 1 - 13　真空发生器的工作原理

平直型真空吸盘的工作原理如图 1 - 14 所示。首先将真空吸盘通过连接管与真空设备（如真空发生器等，图中未画）接通，然后与待提升物如玻璃、纸张等接触，启动真空设备抽吸，使吸盘内产生负气压，从而将待提升物吸牢，即可进行搬运。将待提升物搬运至目的地后，平稳地向真空吸盘内充气，使真空吸盘内由负气压变成零气压或正气压，真空吸盘就会脱离待提升物，从而完成搬运任务。

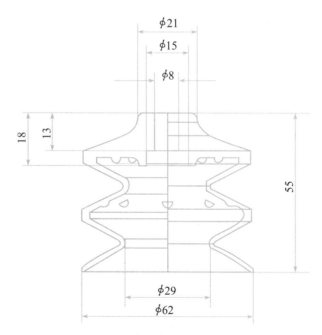

图 1 - 14　平直型真空吸盘的工作原理

1.5　气动系统的安装调试和故障分析

1. 气压系统使用和维护

为使气动系统能够长期稳定地工作，应做好以下维护措施：

（1）每天将过滤器中的水排掉，检查油雾器的油面高度及油雾器的调节是否符合要求。

（2）每周检查信号发生器上是否有灰尘或铁屑，检查油雾器及调压阀上的压力表工作是否正常。

（3）每3个月检查管道连接处是否密封良好。

（4）每6个月检查气缸内活塞杆的支撑点是否磨损。

2. 气动系统主要元件的常见故障和排除方法

系统发生故障的原因通常如下：

（1）元件堵塞。

（2）控制系统内部故障。一般情况下，控制系统发生故障的概率远远小于与外部接触的传感器或者机器本身的故障概率。

方向阀常见故障及排除方法见表1-1，气缸常见故障及排除方法见表1-2。

表1-1 方向阀常见故障及排除方法

序号	故障	原因	排除方法
1	不能换向	阀的滑动阻力大，润滑不良	进行润滑
		O型阀密封圈变形	更换密封圈
		灰尘卡住滑动部分	清除灰尘
		弹簧损坏	更换弹簧
		阀操纵力小	检查阀操纵部分
		活塞密封圈磨损	更换密封圈
		膜片破裂	更换膜片
2	阀产生振动	空气压力低（先导式）	提高操纵压力，采用直动式
		电源电压低（电磁阀）	提高电源电压，使用低电压线圈
3	交流电磁铁有蜂鸣声	I型活动铁芯密封不良	检查铁芯接触和密封性，必要时更换铁芯组件
		灰尘进入I型、T型铁芯的滑动部分，使活动铁芯不能密切接触	清除灰尘
		T型活动铁芯的铆钉脱落，铁芯叠层分开，不能吸合	更换活动铁芯
		短路环损坏	更换固定铁芯
		电源电压低，外部导线拉得太紧	引线应宽裕

续表

序号	故障	原因	排除方法
4	电磁铁动作时间偏差大或不能动作	活动铁芯锈蚀,不能移动; 在湿度高的环境中使用气动元件时,由于密封不良而向磁铁部分泄漏空气; 电源电压低; 灰尘进入活动铁芯的滑动部分,使运动状况恶化	铁芯除锈,修理好对外部的密封件,更换坏的密封件; 提高电源电压或使用符合电压的线圈; 清除灰尘
5	线圈烧毁	环境温度高; 快速循环使用; 吸引时电流大,单位时间耗电多,温度升高,导致绝缘损坏而短路; 灰尘夹在阀和铁芯之间,不能吸引活动铁芯; 线圈上有残余电压	按产品规定的温度范围使用; 使用高级电磁阀; 使用气动逻辑回路; 清除灰尘; 使用正常电源电压,使用符合电压的线圈
6	切断电源,活动铁芯不能退回	灰尘进入活动铁芯滑动部分	清除灰尘

表 1－2 气缸常见故障及排除方法

序号	故障	原因	排除方法
1	外泄漏; 活塞杆与密封衬套间漏气; 气缸体与端盖间漏气; 从缓冲装置的调节螺钉处漏气; 内泄漏; 活塞两端串气	衬套密封磨损,润滑油不足; 活塞杆偏心; 活塞杆有伤痕; 活塞杆与密封衬套的配合面内有杂质,密封圈损坏; 润滑不良,活塞杆被卡住; 活塞配合面有缺陷,杂质挤入密封圈	更换衬套密封圈,加强润滑; 重新安装,使活塞杆不受偏心负载; 更换活塞杆; 除去杂质、安装防尘盖; 更换密封圈; 重新安装; 缺陷严重的应更换零件,除去杂质
2	输出力不足,动作不平稳	润滑不良; 活塞或活塞杆卡住; 气缸体内表面有锈蚀或缺陷; 进入了冷凝水、杂质	调节或更换油雾器; 检查安装情况,消除偏心; 视缺陷大小决定排除故障的方法; 加强对空气过滤器和分水排水器的管理,定期排放污水
3	缓冲效果不好	缓冲部分的密封圈密封性能差; 调节螺钉损坏; 气缸速度太快	更换密封圈; 更换螺钉; 检查缓冲机构的结构是否合适

传感器与检测技术

在生产中，人可以通过眼睛看到工件进入自动化生产线的哪个工作站，但自动化生产线如何判别工件的位置呢？在自动化生产线中，各种信号的判别和控制都是通过传感器来实现的。传感器是一种能够感受规定的被测量，并按照一定规律转换成可用输出信号的器件或装置。传感器就像人的眼睛、耳朵、鼻子等器官，是自动化生产线的检测元件。自动化生产线中所使用的传感器多为非接触式传感器，又称为接近开关，它能在一定的距离内检测有无物体靠近，当物体与其接近到设定的距离时，系统就可以发出动作信号。接近开关的核心部分是感辨头，它必须对正物体，才能在物体接近时发挥最强的感辨能力。

2.1 磁性开关

YL-1633B 所使用的气缸都是带磁性开关的。这些气缸的缸筒采用导磁性弱、隔磁性强的材料制成，如硬铝、不锈钢等。在非磁性体的活塞上安装一个永久磁环，这样就形成了一个可以反映气缸活塞位置的磁场。而安装在气缸外侧的磁性开关则是用来检测气缸活塞位置，即活塞的运动行程的。

有触点式的磁性开关用舌簧开关作磁场检测元件。舌簧开关成型于合成树脂块内，动作指示灯、过电压保护电路通常也塑封在内。如图 2-1 所示为带磁性开关的气缸的工作原理。当气缸中随活塞移动的磁环靠近开关时，舌簧开关的两根簧片被磁化而相互吸引，触点闭合；当磁环移开开关后，簧片失磁，触点断开。触点闭合或断开时发出电控信号，在 PLC 自动控制系统中，可以利用该信号判断推料及顶料缸的运动状态或所处的位置，以确定工件是否被推出或气缸是否返回。

在磁性开关上设置的 LED 指示灯用于显示其信号状态，供调试时参考。磁性开关动作时，输出信号"1"，LED 亮；磁性开关不动作时，输出信号"0"，LED 不亮。

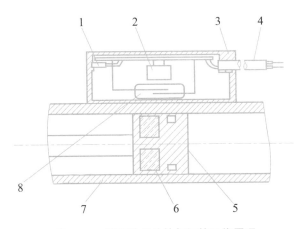

图 2-1 带磁性开关的气缸的工作原理

1—动作指示灯；2—保护电路；3—开关外壳；4—导线；5—活塞；6—磁环（永久磁铁）；7—缸筒；8—舌簧开关

　　磁性开关的安装位置可以调整，方法是松开紧定螺钉，让磁性开关沿着气缸滑动，到达指定位置后，再旋紧紧定螺钉。

　　磁性开关有蓝色和棕色 2 根引出线，使用时蓝色引出线应连接到 PLC 公共端，棕色引出线应连接到 PLC 输入端。磁性开关的内部电路如图 2-2 的虚线框内所示。

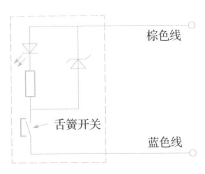

图 2-2 磁性开关的内部电路

2.2 电感式接近开关

　　电感式接近开关是利用电涡流效应制造的传感器。电涡流效应是指当金属物体处于交变的磁场中，在金属内部会产生交变的电涡流，该涡流又会反作用于产生它的磁场。如果这个交变的磁场是由一个电感线圈产生的，则这个电感线圈中的电流会发生变化，用于平衡涡流产生的磁场。

　　利用这一原理，以高频振荡器（LC 振荡器）中的电感线圈作为检测元件，当被测金属物体接近电感线圈时产生了电涡流效应，引起振荡器振幅或频率的变化，则传感器的信号调理电路（包括检波、放大、整形、输出等电路）会将该变化转换成开关量输出，从而达到检测目的。电感式接近传感器的工作原理如图 2-3 所示。

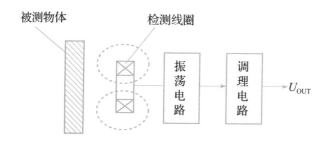

图 2－3　电感式接近传感器的工作原理

选用和安装接近开关时，必须认真考虑检测距离和设定距离，以保证生产线上的传感器能够可靠动作。安装距离示意图如图 2－4 所示。

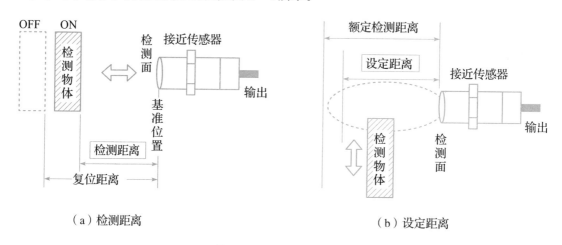

（a）检测距离　　　　　　　　　　　　　　　　　　（b）设定距离

图 2－4　安装距离示意图

2.3　漫射式光电接近开关

1. 光电式接近开关

光电式传感器（光电式接近开关）是利用光的各种性质来检测物体的有无和表面状态的变化等的传感器，其输出形式为开关量。

光电式接近开关主要由光发射器和光接收器构成。如果光发射器发射的光线因检测物体不同而被遮掩或反射，到达光接收器的量将会发生变化。光接收器的敏感元件将检测出这种变化，并转换为电气信号输出。光线多使用可视光（主要为红色，有时也用绿色、蓝色）和红外光。

按照光接收器接收方式的不同，光电式接近开关可分为对射式、漫射式和反射式 3 种，如图 2－5 所示。

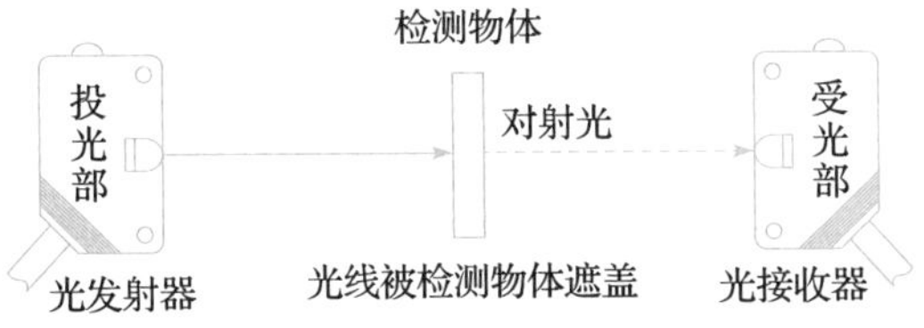

（a）对射式光电接近开关

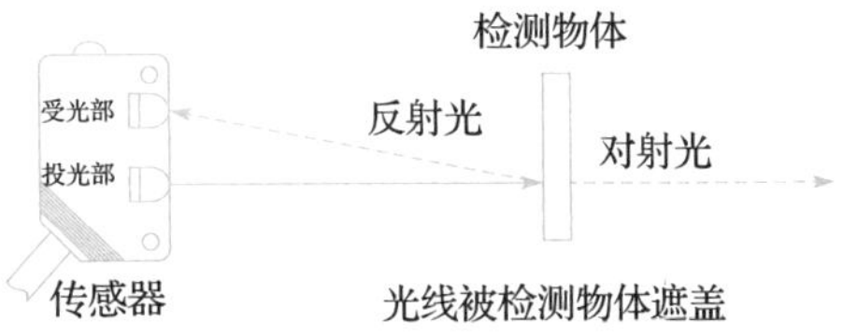

（b）漫射式光电接近开关

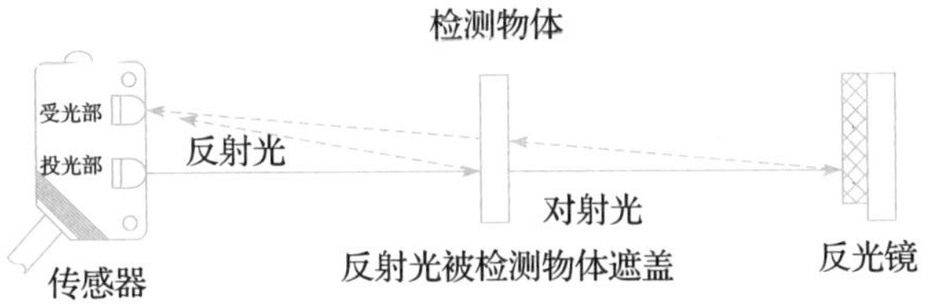

（c）反射式光电接近开关

图 2－5　光电式接近开关

2. 漫射式光电接近开关

漫射式光电接近开关是利用光照射到被测物体后反射回来的光线而工作的，由于物体反射的光线为漫射光，因此得名。它的光发射器与光接收器处于同一侧，且为一体化结构。工作时，光发射器始终发射检测光，若接近开关前方一定距离内没有物体，则没有光被反射到光接收器，接近开关处于常态而不动作；反之，若接近开关的前方一定距离内出现物体，只要反射回来的光的强度足够，则光接收器接收到足够的漫射光就会使接近开关动作而改变输出状态。如图 2－5（b）所示为漫射式光电接近开关的工作原理。

YL-1633B 供料单元中用于检测工件不足或工件有无的漫射式光电接近开关为欧姆龙（OMRON）公司的 CX-441（E3Z-L61）型放大器内置型光电开关（细小光束型，NPN 型晶体管集电极开路输出）。该光电开关的外形以及顶端面上的调节旋钮和显示灯如图 2－6 所示。

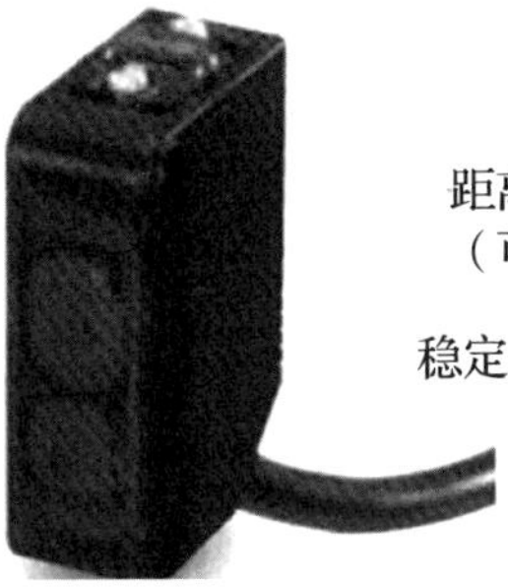

（a）ESZ-L型光电开关外形

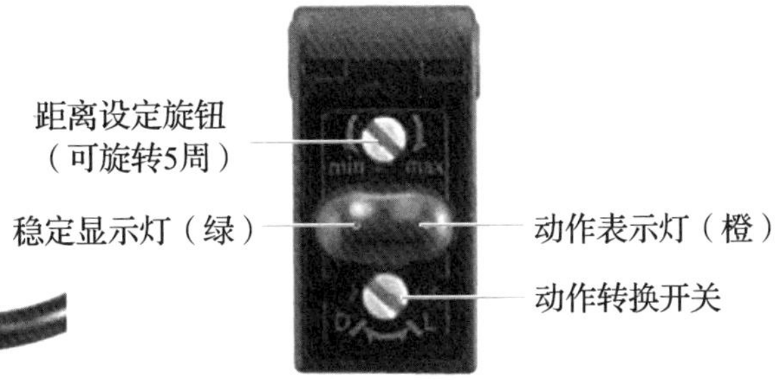

（b）调节旋钮和显示灯

图 2－6　CX-441（E3Z-L61）光电开关

　　动作转换开关的功能是选择受光动作（Light）或遮光动作（Drag）模式。即将该开关顺时针方向旋转（L 侧），则进入检测-ON 模式；逆时针方向旋转（D 侧），则进入检测-OFF 模式。

　　距离设定旋钮是回转调节器，调整距离时注意逐步轻微旋转，否则充分旋转时会空转。调整方法：首先按逆时针方向将旋钮充分旋至最小检测距离（E3Z-L61 约 20mm）；然后根据要求距离放置检测物体，按顺时针方向逐步旋转旋钮，找到传感器进入检测条件的点；拉开检测物体与其的距离，按顺时针方向进一步旋转旋钮，传感器再次进入检测状态；向后旋转旋钮直到传感器回到非检测状态的点。两点之间的中点为稳定检测物体的最佳位置。如图 2-7 所示为该光电开关的电路原理图。

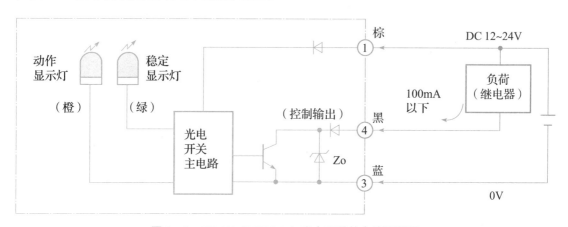

图 2-7　CX-441（E3Z-L61）光电开关的电路原理图

　　YL-1633B 供料单元中用于检测物料台上有无物料的光电开关是一个圆柱形漫射式光电接近开关，工作时向上发出光线，从而透过小孔检测是否有工件存在。该光电开关选用 SICK 公司的 MHT15-N2317 型产品，其外形如图 2-8 所示。

图 2-8　MHT15-N2317 光电开关

　　常用接近开关的图形符号如图 2-9 所示，其中，图 2-9（a）、图 2-9（b）、图 2-9（c）所示的 3 种情况均使用 NPN 型晶体管集电极开路输出。如果使用的是 PNP 型，正负极需反置。

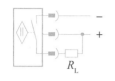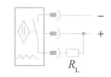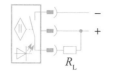

（a）通用图形符号　　（b）电感式接近开关　　（c）光电式接近开关　　（d）磁性开关

图 2-9　接近开关的图形符号

2.4　光纤传感器

光纤传感器由光纤检测头、光纤放大器两部分组成，这两个部分是分离的，光纤检测头的尾部分成两条光纤，使用时分别插入放大器的两个光纤孔。光纤传感器的结构如图 2-10 所示，光纤放大器的安装示意图如图 2-11 所示。

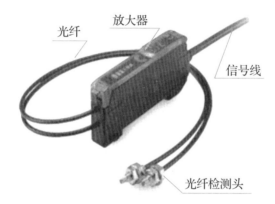

图 2-10　光纤传感器的结构

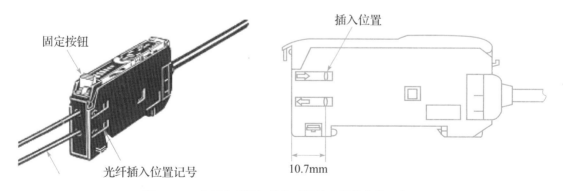

图 2-11　光纤传感器组件外形及放大器的安装示意图

光纤传感器是光电传感器的一种。光纤传感器具有以下优点：抗电磁干扰，可工作于恶劣环境，传输距离远，使用寿命长。此外，由于光纤头的体积很小，因此可以安装在狭小空间内。

　　光纤传感器的放大器的灵敏度调节范围较大。当灵敏度调得较低时，对于反射性较差的黑色物体，光电探测器无法接收到反射信号；对于反射性较好的白色物体，光电探测器就可以接收到反射信号。反之，当灵敏度调得较高时，即使是反射性较差的黑色物体，光电探测器也可以接收到反射信号。

　　如图 2-12 所示为光纤放大器的俯视图，旋转其中部的灵敏度高速旋钮即可进行灵敏度调节（顺时针旋转时灵敏度增大）。调节时，会看到"入光量显示灯"的变化。当探测器检测到物料时，"动作显示灯"亮，提示检测到物料。

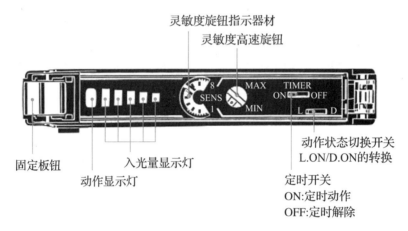

图 2-12　光纤放大器的俯视图

　　E3X-NA11 型光纤传感器的电路图如图 2-13 所示，接线时注意根据导线颜色判断电源极性和信号输出线，切勿把信号输出线直接连接到电源＋24V 端。

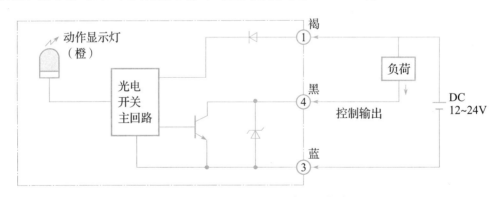

图 2-13　E3X-NA11 型光纤传感器电路图

2.5　旋转编码器

　　旋转编码器是通过光电转换将输出至轴上的机械、几何位移量转换成脉冲或数字信号的传感器，主要用于速度或位置（角度）的检测。典型的旋转编码器主要由光栅盘和光电检测装置组成。光栅盘是在一定直径的圆盘上等分地开若干个长方形狭缝。由于光栅盘与电动机同轴，因此电动机旋转时，光栅盘与电动机同速旋转，经发光二极管等电子元件组成的检测装置检测输出若干脉冲信号，其工作原理如图 2-14 所示。通过计算每秒钟旋转编码器输出的脉冲个数就能得出当前电动机的转速。

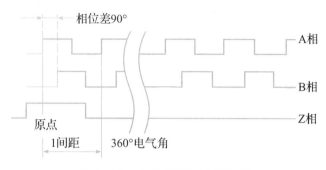

图 2-14 旋转编码器的工作原理

通常，根据旋转编码器产生脉冲的方式不同，可以分为增量式、绝对式和复合式三大类，自动化生产线上常采用的是增量式旋转编码器。

增量式旋转编码器直接利用光电转换原理输出 3 组方波脉冲——A、B、Z 相，如图 2-15 所示。A、B 两组脉冲相位差 90°，用于变向：当 A 相脉冲超前 B 相时为正转方向，当 B 相脉冲超前 A 相时则为反转方向。Z 相为每转一个脉冲，用于基准点定位。

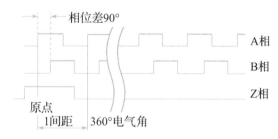

图 2-15 增量式旋转编码器输出的 3 组方波脉冲

YL-1633B 的分拣单元采用了这种具有 A、B 两相 90°相位差的通用型旋转编码器，用于计算工件在传送带上的位置。该旋转编码器直接连接到传送带主动轴上，三相脉冲采用 NPN 型集电极开路输出，分辨率为 500 线，工作电源为 DC 12～24V。本工作单元没有使用 Z 相脉冲，A、B 两相输出端直接连接到 PLC（S7-224 XP AC/DC/RLY 主单元）的高速计数器输入端。

计算工件在传送带上的位置时，需确定每两个脉冲之间的距离即脉冲当量。分拣单元主动轴的直径为 $d=43$mm，则减速电机每旋转一周，皮带上的工件的移动距离 $L=\pi d=3.14\times43=135.02$mm。故脉冲当量 $\mu=L/500\approx0.270$mm。按如图 2-16 所示的安装尺寸，当工件从下料口中心线移至传感器中心时，旋转编码器约发出 430 个脉冲；移至第一个推杆中心点时，约发出 614 个脉冲；移至第二个推杆中心点时，约发出 963 个脉冲；移至第三个推杆中心点时，约发出 1 284 个脉冲。

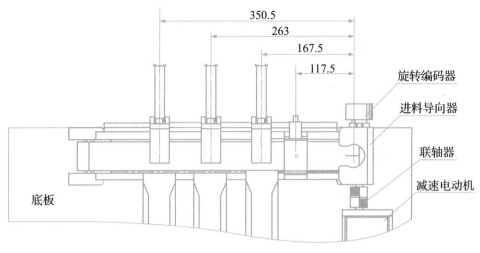

图 2-16 传送带位置计算用图

应该指出的是，上述脉冲当量的计算只是理论上的。实际上，各种误差因素不可避免，例如传送带主动轴直径（包括皮带厚度）的测量误差，传送带的安装偏差和张紧度，分拣单元整体在工作台面上的定位偏差等，都将影响理论计算值。因此，理论计算值只能作为估算值。脉冲当量的误差所引起的累积误差会随着工件在传送带上运动距离的增加而迅速增大，甚至达到不可容忍的地步。所以说，在对分拣单元进行安装调试时，除了要仔细调整，尽量减少安装偏差外，还应现场测试脉冲当量值。

单 元 3

变频调速技术

变频器是将固定电压、固定频率的交流电变成可调电压、可调频率的交流电的装置。交流电动机高频调速技术具有节能、改善工艺流程、提高产品质量和便于自动控制等诸多优势，被认为是最有发展前途的调速方式之一。变频技术主要用于交流电动机的调速，交流电动机的结构参数、机械特性及其所带负载的特性对变频器的正常工作有着极大的影响。

3.1　变频器接口说明

1. 主回路接口及接线

如图 3－1 所示为变频器主回路接线原理图，如图 3－2 所示为变频器主回路接线实物图，可以看到变频器的电源接线端子和电动机的接线端子，以及制动电阻的接口及接线方法。

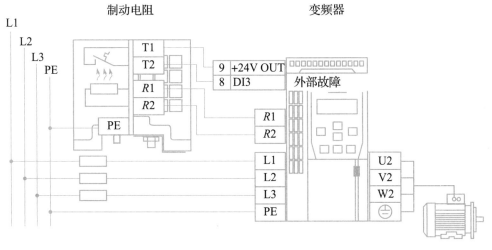

图 3－1　变频器主回路接线原理图

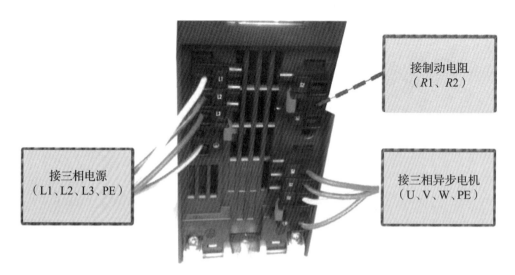

图 3 - 2　变频器主回路接线实物图

G120C 变频器与 PLC 之间的接线如图 3 - 3 所示。

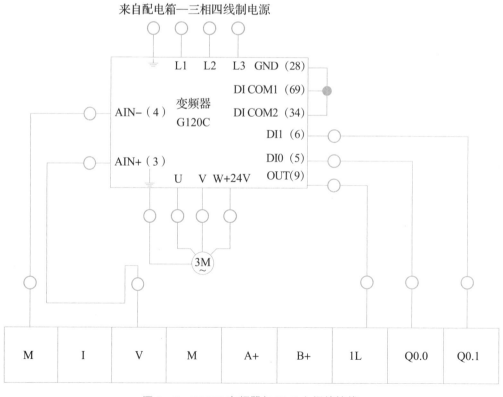

图 3 - 3　G120C 变频器与 PLC 之间的接线

2. 用户接口介绍

打开变频器的盖板后，即可连接电源和电动机的用户接口等，如图 3 - 4 所示。

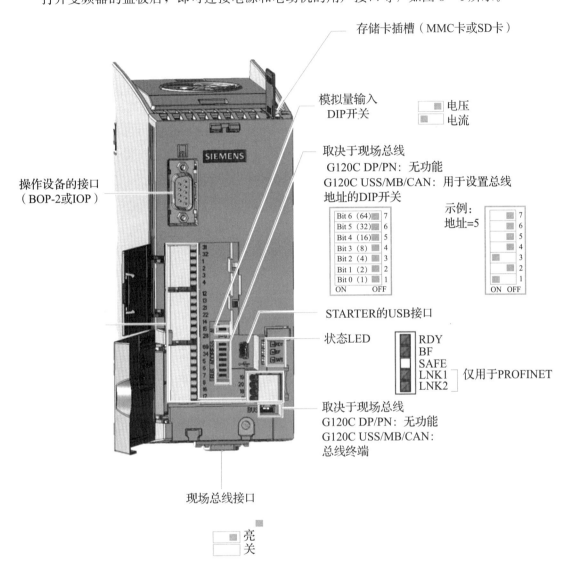

图 3 - 4　用户接口

3. 变频器控制电路接线

变频器控制 I/O 接口如图 3 - 5 所示。

I/O 接口接线说明见表 3 - 1。

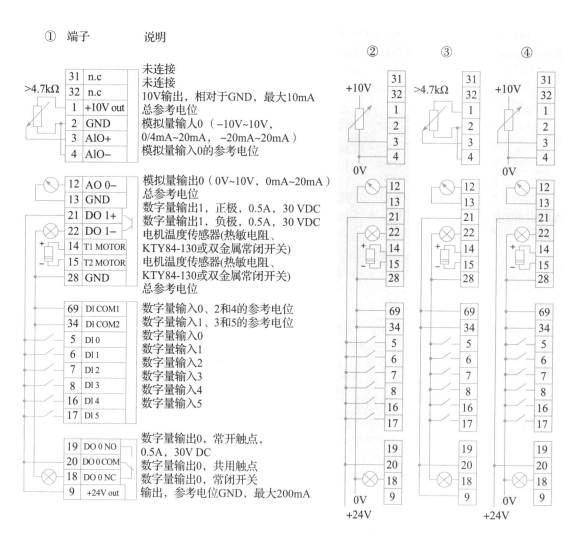

① 端子　　　　说明

31	n.c	未连接
32	n.c	未连接
1	+10V out	10V输出，相对于GND，最大10mA
2	GND	总参考电位
3	AI0+	模拟量输入0（−10V~10V, 0/4mA~20mA, −20mA~20mA）
4	AI0−	模拟量输入0的参考电位

12	AO 0−	模拟量输出0（0V~10V, 0mA~20mA）
13	GND	总参考电位
21	DO 1+	数字量输出1，正极，0.5A，30 VDC
22	DO 1−	数字量输出1，负极，0.5A，30 VDC
14	T1 MOTOR	电机温度传感器(热敏电阻、KTY84-130或双金属常闭开关)
15	T2 MOTOR	电机温度传感器(热敏电阻、KTY84-130或双金属常闭开关)
28	GND	总参考电位

69	DI COM1	数字量输入0、2和4的参考电位
34	DI COM2	数字量输入1、3和5的参考电位
5	DI 0	数字量输入0
6	DI 1	数字量输入1
7	DI 2	数字量输入2
8	DI 3	数字量输入3
16	DI 4	数字量输入4
17	DI 5	数字量输入5

19	DO 0 NO	数字量输出0，常开触点，0.5A，30V DC
20	DO 0 COM	数字量输出0，共用触点
18	DO 0 NC	数字量输出0，常闭开关
9	+24V out	输出，参考电位GND，最大200mA

接线方式

①通过内部电源的接线　　　　　　　　开关闭合后，数字量输入变为高电平
②通过外部电源的接线　　　　　　　　开关闭合后，数字量输入变为高电平
③通过内部电源的接线　　　　　　　　开关闭合后，数字量输入变为低电平
④通过外部电源的接线　　　　　　　　开关闭合后，数字量输入变为低电平

图 3-5　变频器控制 I/O 接口

表 3-1　I/O 接口接线说明

端子号	引脚说明	接线说明
31	+24V IN	18～30V 可选电源，电流 0.5A
32	GND IN	与端子号 31 配合使用

续表

端子号	引脚说明	接线说明	
1	+10V OUT	+10V 输出，最大输出 10mA	
2	GND	与端子 1、9 和 12 配合使用	
3	AI0+	模拟量输入信号（−10～10V；0/4～20mA）	
4	AI0−	与端子 3 配合使用	
12	AO0+	模拟量输出信号（0～10V；0～20mA）	
13	AO0−	与端子 1、9 和 12 配合使用	
31	DO1+	晶体管型数字量输出，最大 DC 30V，0.5A	
33	DO1−		
14	T1 MOTOR	温度传感器（PTC、KTY84、双金属）	
15	T2 MOTOR		
28	GND	与端子 1、9 和 12 配合使用	
69	DI COM1	数字量输入公共端 1	
34	DI COM2	数字量输入公共端 2	
5	DI0	数字量输入 1	用于源型或漏型触点的数字量输入，低电压<5V，高电压>11V，最高不超过 30V
6	DI1	数字量输入 2	
7	DI2	数字量输入 3	
8	DI3	数字量输入 4	
16	DI4	数字量输入 5	
17	DI5	数字量输入 6	
19	DO0 NO	常开	继电器输出，最大 30V，0.5A
20	DO0 COM	公共端	
18	DO0 NC	常闭	
9	+24V OUT	DC 24V 输出，最大电流 100mA	

SMART 系统模拟量控制接线如图 3 - 6 所示。

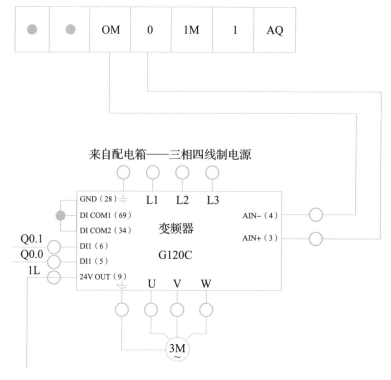

图 3 - 6 SMART 系统模拟量控制接线

3.2 变频器 BOP-2 面板操作

利用 BOP-2 可以改变变频器的参数，其操作面板项目及说明见表 3-2。

表 3 - 2 BOP-2 操作面板项目及说明

项目	说明
0	液晶屏
1	退出键
2	向上键
3	向下键
4	确认键
5	关机键
6	手动/自动键
7	开机/自动键

BOP-2 的菜单结构如图 3-7 所示。

图3-7　BOP-2的菜单结构

注：①可自由选择参数号。
　　②基本调试。

　　用户可借助 BOP-2 选择所需的参数号、修改参数进而改变变频器的设置，如图 3-8 所示。参数值的修改是在菜单"PARAMS"和"SETUP"中进行的。所有通过 BOP-2 完成的修改都会立即存入变频器，且掉电保持。

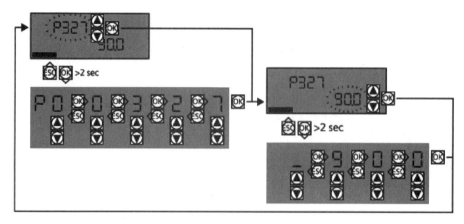

选择参数号		修改参数值	
当显示屏上的参数值闪烁时，有两种方法可以修改号码：		当显示屏上的参数号闪烁时，有两种方法可以修改数值：	
方法1	方法2	方法1	方法2
用箭头键升高或降低参数号，直到出现所需参数号	按"OK"键，保持2s，然后依次输入参数号	用箭头键升高或降低参数值，直到出现所需的数值	按"OK"键，保持2s，然后依次输入数值
按"OK"键，传送参数号		按"OK"键，传送参数值	

图 3-8　通过 BOP-2 修改参数

单元 4

运动控制技术

4.1 伺服电动机及伺服放大器

现代高性能的伺服系统大多为永磁交流伺服系统，包括永磁同步交流伺服电动机和交流永磁同步伺服驱动器两部分。

永磁同步交流伺服电动机的工作原理：电动机内部的转子是永磁铁，驱动器控制的 U/V/W 三相电形成电磁场，转子在磁场的作用下转动，同时，电动机自带的编码器反馈信号给驱动器，驱动器将反馈值与目标值进行比较，调整转子转动的角度。伺服电动机的精度取决于编码器的精度（线数）。

交流永磁同步伺服驱动器主要包括伺服控制单元、功率驱动单元、通信接口单元、伺服电动机及相应的反馈检测器件等，其中，伺服控制单元包括位置控制器、速度控制器、电流控制器等。交流永磁同步伺服驱动器的结构如图 4-1 所示。

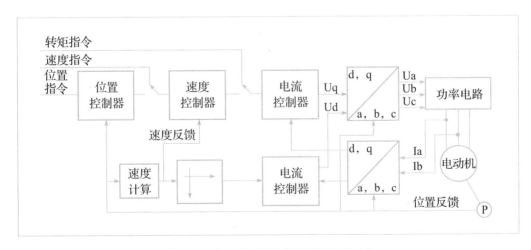

图 4-1 交流永磁同步伺服驱动器的结构

　　伺服控制单元均采用数字信号处理器（DSP）作为控制核心，其优点是可以实现比较复杂的控制算法，实现数字化、网络化和智能化。功率器件普遍采用以智能功率模块（IPM）为核心设计的驱动电路，IPM内部集成了驱动电路，同时具有过电压、过电流、过热、欠电压等故障检测保护电路，在主回路中还加入了软启动电路，以减小启动过程对驱动器的冲击。

　　功率驱动单元首先通过整流电路对输入的三相电或者市电进行整流，得到相应的直流电，再通过三相正弦PWM电压型逆变器变频来驱动永磁同步交流伺服电动机。

　　逆变部分（DC-AC）采用功率器件集成驱动电路，以保护电路和功率开关于一体的智能功率模块（IPM），其主要采用了三相桥式电路拓扑结构，三相逆变电路如图4-2所示。利用脉宽调制技术即PWM（Pulse Width Modulation），通过改变功率晶体管交替导通的时间来改变逆变器输出波形的频率，进而改变每半周期内晶体管的通断时间比。也就是说，通过改变脉冲宽度来改变逆变器输出电压幅值的大小，以达到调节功率的目的。

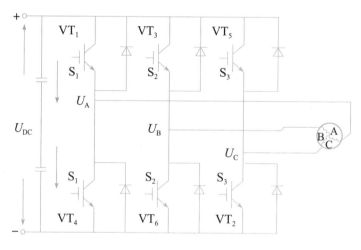

图4-2　三相逆变电路

　　由自动控制理论可知，这样的系统结构提高了系统的快速性、稳定性和抗干扰能力。在足够高的开环增益下，系统的稳态误差接近零。这就是说，在稳态时，伺服电动机以指令脉冲和反馈脉冲近似相等时的速度运行。反之，在达到稳态前，系统将在偏差信号作用下驱动电动机加速或减速。若指令脉冲突然消失（例如紧急停车时，PLC立即停止向伺服驱动器发出驱动脉冲），伺服电动机仍会运行到反馈脉冲数等于指令脉冲消失前的脉冲数才停止。

4.2　松下MINAS A6系列AC伺服电动机及驱动器

1. 电动机和驱动器

YL-1633B的输送单元采用了松下MHMF022L1U2M永磁同步交流伺服电动机（图4-3）

及 MADLN15SG 全数字交流永磁同步伺服驱动器作为运输机械手的运动控制装置。

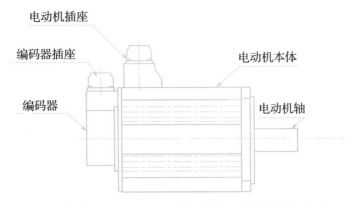

图 4 - 3   松下 MHMF022L1U2M 永磁同步交流伺服电动机的结构

MHMF022L1U2M 的含义：MHMF 表示电动机类型为大惯量，02 表示电动机的额定功率为 200W，2 表示电压规格为 200V，U2 表示带键带螺纹无抱闸。

MADLN15SG 的含义：MADL 表示松下 A6 系列 A 型驱动器，N 表示无安全功能，1 表示最大额定电压规格为单相/三相 200V，S 表示模拟/脉冲，G 表示通用通信型。MADLN15SG 驱动器面板如图 4 - 4 所示。

2. 伺服驱动器的接线

MADLN15SG 伺服驱动器面板上有多个接线端口，具体如下：

（1）XA：电源输入接口，AC/20V 电源连接到 L1、L3 主电源端子，同时连接到控制电源端子 L1C、L2C 上。

（2）XB：电机接口和外置再生放电电阻器接口，U、V、W 端子用于连接电动机。必须注意，电源电压务必按照驱动器铭牌上的指示选择，电动机接线端子（U、V、W）不可以接地或短路，交流伺服电动机的旋转方向不像感应电动机可以通过交换三相相序来改变，必须保证驱动器上的 U、V、W、E 接线端子与电动机主回路接线端子按规定的次序一一对应，否则可能造成驱动器的损坏。电动机的接线端子和驱动器的接地端子以及滤波器的接地端子必须确保可靠连接到同一个接地点上。机身也必须接地。B1、B2、B3 端子是外接放电电阻，YL-1633B 没有使用外接放电电阻。

（3）X6：连接到电机编码器信号接口，连接电缆应选用带有屏蔽层的双绞电缆，屏蔽层应接到电动机侧的接地端子上，并且应确保将编码器电缆屏蔽层连接到插头的外壳（FG）上。

（4）X4：I/O 控制信号端口，其部分引脚信号定义与选择的控制模式有关，不同模式下的接线请参考相关手册。YL-1633B 的输送单元中，伺服电动机用于定位控制，因此选用位置控制模式，其采用的接线方式如图 4 - 5 所示。

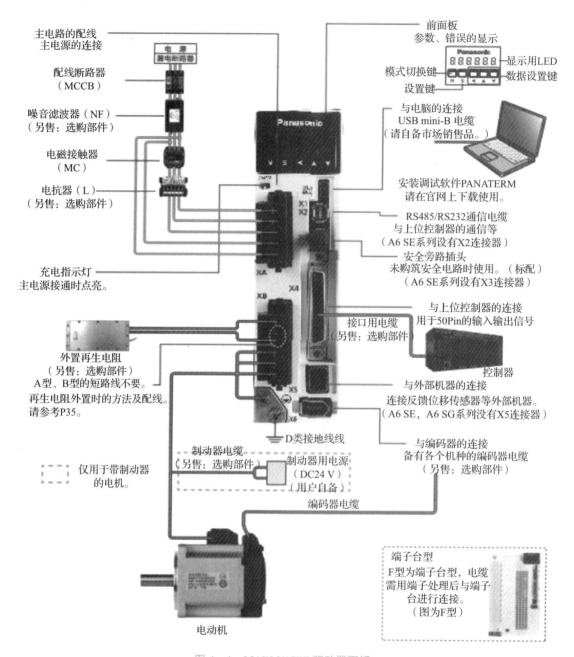

主电路的配线
主电源的连接

配线断路器
（MCCB）

噪音滤波器（NF）
（另售：选购部件）

电磁接触器
（MC）

电抗器（L）
（另售：选购部件）

充电指示灯
主电源接通时点亮。

外置再生电阻
（另售：选购部件）
A型、B型的短路线不要。
再生电阻外置时的方法及配线。
请参考P35。

仅用于带制动器
的电机。

前面板
参数、错误的显示

显示用LED
模式切换键
数据设置键
设置键

与电脑的连接
USB mini-B 电缆
（请自备市场销售品。）

安装调试软件PANATERM
请在官网上下载使用。

RS485/RS232通信电缆
与上位控制器的通信等
（A6 SE系列设有X2连接器）

安全旁路插头
未购筑安全电路时使用。（标配）
（A6 SE系列设有X3连接器）

与上位控制器的连接
用于50Pin的输入输出信号

接口用电缆
（另售：选购部件）

控制器

与外部机器的连接
连接反馈位移传感器等外部机器。
（A6 SE，A6 SG系列没有X5连接器）

D类接地线线

制动器电缆
（另售：选购部件）

制动器用电源
（DC24 V）
（用户自备）

与编码器的连接
备有各个机种的编码器电缆
（另售：选购部件）

编码器电缆

电动机

端子台型
F型为端子台型，电缆
需用端子处理后与端子
台进行连接。
（图为F型）

图 4-4　MADLN15SG 驱动器面板

3. 伺服驱动器的参数设置与调整

松下的伺服驱动器有 7 种控制方式，即位置控制、速度控制、转矩控制、位置/速度控制、位置/转矩控制、速度/转矩控制、全闭环控制。位置控制方式是指通过输入脉冲串使电动机定位运行，电动机转速与脉冲串频率相关，电动机转动的角度与脉冲个数相关。速度控制方式有两种：一是通过输入直流－10V 至＋10V 指令电压调速；二是通过驱动器内设置的内部速度来调速。转矩控制方式是通过输入直流－10V 至＋10V 指令电压调节电动机的输出转矩，这种方式下运行必须要进行速度限制，有两种方法：一是设置驱动器内的参数；二是输入模拟量电压。

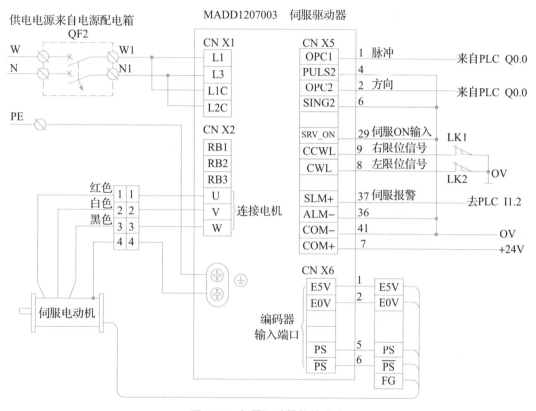

图 4－5　伺服驱动器接线方式

4. 参数设置方式操作说明

MADLN15SG 伺服驱动器的参数共有 218 个，Pr00～Pr639，可以在驱动器的面板上设置，各个按钮的说明如图 4－6 和表 4－1 所示。

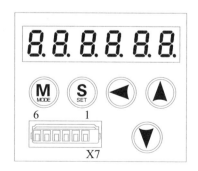

图 4－6　伺服驱动器参数设置面板

表 4 - 1　伺服驱动器面板按键说明

按键	激活条件	功能
(M) MODE	在"模式"显示时有效	在以下模式之间切换： （1）监视器模式； （2）参数设定模式； （3）EEPROM 写入模式； （4）辅助功能模式
(S) SET	一直有效	在模式显示和执行显示之间切换
▲ ▼	仅对小数点闪烁的那一位数据有效	改变模式里的显示内容、更改参数、选择参数或执行选中的操作
◀		把小数点移至更高位

面板操作说明如下：

（1）参数设置。先按"SET"键，再按"MODE"键选择至"Pr00"后，按向上、向下或向左方向键选择通用参数的项目，按"SET"键进入。然后按向上、向下或向左方向键，调整参数，再长按"SET"键返回。选择其他项照此调整。

（2）参数保存。按"MODE"键选择至"EE-SET"后，按"SET"键确认，出现"EEP－"然后按向上键 3s，出现"FINISH"或"RESET"，系统重新上电，即完成保存。

5. 部分参数说明

在 YL-1633B 上，伺服驱动装置工作于位置控制模式，PLC 的 Q0.0 输出脉冲作为伺服驱动器的位置指令，脉冲的数量决定伺服电动机的旋转位移，即机械手的直线位移，脉冲的频率决定伺服电动机的旋转速度。即机械手的运动速度。Q0.1 输出脉冲作为伺服驱动器的方向指令。在控制要求较为简单的情况下，伺服驱动器可采用自动增益调整模式。根据上述要求，伺服驱动器参数设置见表 4 - 2。

表 4 - 2　伺服驱动器参数设置

序号	参数		设置数值	功能和含义
	参数编号	参数名称		
1		LED 初始状态	1	显示电动机转速
2	Pr0.01	控制模式	0	位置控制（相关代码 P）
3	Pr5.04	驱动禁止输入设定	2	当左或右（P0T 或 No）限位动作，则会发生 Err38 行程限位禁止输入信号出错报警。此参数必须在控制电源断电重启之后才能修改
4	Pr0.04	惯量比	250	

续表

序号	参数		设置数值	功能和含义
	参数编号	参数名称		
5	Pr0.02	实时自动增益设置	1	实时自动调整为标准模式，运行时负载惯量的变化情况很小
6	Pr0.03	实时自动增益的机械刚性选择	13	**参数值设置得越大，响应越快**
7	Pr0.06	指令脉冲旋转方向	1	
8	Pr0.07	脉冲输入方式	3	
9	Pr0.08	电动机每旋转一转的脉冲数	6 000	

注：其他参数的说明及设置请参看松下 MINAS A6 系列伺服电动机、驱动器使用说明书。

4.3 S7-200 smart PLC 的脉冲输出功能及位控编程

S7-200 smart 有两个内置 PTO/PWM 发生器，用于建立高速脉冲串（PTO）或脉宽调节（PW）信号波形。其中，一个发生器指定给数字输出点 Q0.0，另一个发生器指定给数字输出点 Q0.1。

当组态输出为 PTO 操作时，生成一个 50% 占空比脉冲串，用于步进电动机或伺服电动机的速度和位置的开环控制。内置 PTO 功能提供了脉冲串输出，脉冲周期和数量可由用户控制。但应用程序必须通过 PLC 内置 I/O 提供方向和限位控制。

为了简化用户应用程序中的位控功能的应用，STEP7-MicroWIN 提供的位控向导可以帮助用户在很短的时间内全部完成 PM、PTO 或位控模块的组态。向导可以生成位置指令，用户可以用这些指令在应用程序中为速度和位置提供动态控制。

1. 开环位控用于步进电动机或伺服电动机的基本信息

借助位控向导，组态 PTO 输出时需要用户提供一些基本信息，逐项介绍如下：

（1）最大速度（MAX_SPEED）和启动/停止速度（SS_SPEED）。

如图 4-7 所示为最大速度和启动/停止速度示意图。

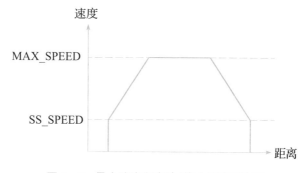

图 4-7 最大速度和启动/停止速度示意图

MAX_SPEED 是允许的操作速度的最大值，应在电动机力矩能力的范围内。驱动负载所需的力矩由摩擦力、惯性以及加速/减速时间决定。

SS_SPEED 的数值应满足电动机在低速时驱动负载的能力，如果 SS_SPEED 的数值过低，电动机和负载在运动开始和结束时可能会摇摆或颤动。如果 SS_SPEED 的数值过高，电动机会在起动时丢失脉冲，并且负载在试图停止时会使电动机超速。通常，SS_SPEED 的值为 MAX_SPEED 值的 5%～15%。

（2）加速和减速时间。

加速时间（ACCEL_TIME）：电动机从 SS_SPEED 速度加速到 MAX_SPEED 速度所需的时间。

减速时间（DECEL_TIME）：电动机从 MAX_SPEED 速度减速到 SS_SPEED 速度所需的时间。

加速时间和减速时间的缺省设置都是 1 000ms（设定时要以 ms 为单位）。通常，电动机可在小于 1 000ms 的时间内工作。如图 4-8 所示为加速时间和减速时间示意图。

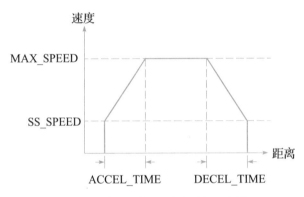

图 4-8　加速时间和减速时间示意图

电动机的加速时间和减速时间通常要经过测试来确定。开始时，应输入一个较大的值，然后逐渐减少时间值直至电动机开始减速，从而据此优化相关设置。

（3）移动包络。

一个包络是一个预先定义的移动描述，包括一个或多个速度，影响着从起点到终点的移动。一个包络由多段组成，每段包含一个达到目标速度的加速/减速过程和以目标速度匀速运行的一串固定数量的脉冲。

位控向导提供了移动包络定义界面，应用程序所需的每一个移动包络均可在该界面中设置。PTO 支持最大 100 个包络。

定义一个包络，需要设置以下几项：

1）选择包络的操作模式：PTO 支持相对位置和单速连续转动两种模式，如图 4-9 所示，相对位置模式是指运动终点位置是从起点侧开始计算的脉冲数量。单速连续转动则不需要提供终点位置，PTO 一直持续输出脉冲，直至有其他命令发出，例如到达原点要求停发脉冲。

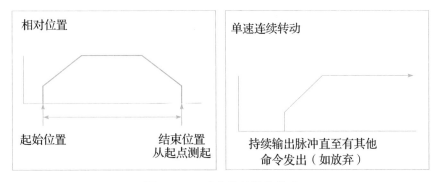

图 4 - 9　一个包络的操作模式

2）为包络的各步定义指标。一个步是工件运动的一个固定距离，包括加速和减速时间内的距离。PTO 的每一包络最大允许 29 个步。每一步包括目标速度、结束位置或脉冲数目等指标。如图 4 - 10 所示为一步、两步、三步和四步包络示意图。注意，一步包络只有一个常速段，两步包络有两个常速段，以此类推。步的数目与包络中常速段的数目一致。

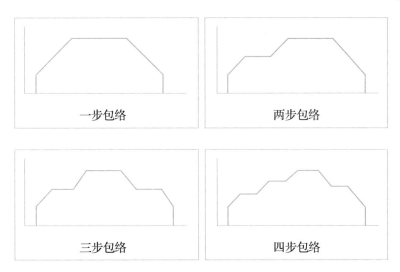

图 4 - 10　包络的步数示意图

3）为包络定义一个符号名。

2. 使用位控向导生成项目组件

运动向导组态完成后，会为所选的配置最多生成 11 个项目组件（子程序），如图 4 - 11 所示。这里介绍部分子程序：AXISO_CTRL 子程序（控制）、AXISO_RSEEK 子程序（寻零）、AXISO_GOTO 子程序（运行位置）。由向导产生的子程序可以在程序中调用。

图 4 - 11　11 个项目组件

各子程序的功能如下：

（1）AXISO_CTRL 子程序（控制）。该子程序用于启用和初始化运动轴，方法是自动命令运动轴在 CPU 每次更改为 RUN 模式时加载组态/曲线表。在用户的项目中，只对每条运动轴使用一次该子例程，并确保程序会在每次扫描时调用该子例程。使用 SM0.0（始终开启）作为 EN 参数的输入。AXISO_CTRL 子程序的梯形图如图 4 - 12 所示。

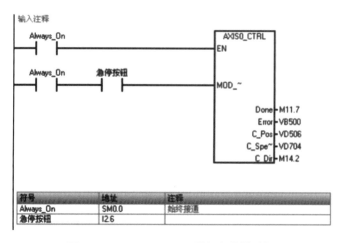

图 4 - 12　AXISO_CTRL 子程序的梯形图

1）输入参数。

MOD_EN（使能）输入（BOOL 型）：MOD_EN 参数必须开启，才能启用其他运动控制子程序向运动轴发送命令。如果 MOD_EN 参数关闭，运动轴会中止所有正在进行的命令。

2）输出参数。

①Done（完成）输出（BOOL）型：当"完成"位被设置为高时，表明上一个指令已执行。

②Error（错误）参数（BYTE 型）：包含本子程序的结果。当"完成"位为高时，错误字节会报告无错误或有错误代码的正常完成情况。

③C_Pos（DWORD 型）：C_Pos 参数表示运动轴的当前位置，否则当前位置将一直为 0。根据测量单位，该值为脉冲数（DINT）或工程单位数（REAL）。

④C_Speed（DWORD 型）：C_Speed 参数提供运动轴的当前速度。如果针对的是脉冲组态测量系统，C_Speed 是一个 DINT 数值，其中包含脉冲数/s。如果针对的是工程单位组态测量系统，C_Speed 是一个 REAL 数值，其中包含选择的工程单位数/s。

⑤C_Dir（BOOL 型）：C_Dir 参数表示电动机的当前方向，信号状态 0＝正向；信号状态 1＝反向。

（2）AXISO_RSEEK 子程序（寻零）。该子程序用于搜索参考点位置，使用组态/曲线表中的搜索方法启动参考点搜索操作。运动轴找到参考点且停止后，将 RP_OFFSET 参数值载入当前位置。AXISO_RSEEK 子程序的梯形图如图 4-13 所示。

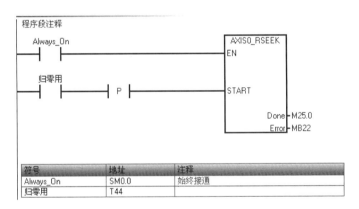

图 4-13　AXISO_RSEEK 子程序的梯形图

1）输入参数。

①EN 位：子程序的使能位。在"完成"位发出子程序执行已经完成的信号前，应使 EN 位保持开启。

②START 参数（BOOL 型）：开启 START 参数将向运动轴发出 RSEEK 命令。对于在 START 参数开启且运动轴当前不繁忙时执行的每次扫描，该子程序向运动轴发送一个 RSEEK 命令。为了确保仅发送了一个 RSEEK 命令，可使用边沿检测技术用脉冲方式开启 START 参数。

2）输出参数。

①Done（完成）（BOOL 型）：本子程序执行完成时，输出 ON。

②Error（错误）（BYTE 型）：输出本子程序执行结果的错误信息。无错误时输出 0。

（3）AXISO_GOTO 子程序（运行位置）。该子程序用于命令运动轴转到所需位置。AXISO_GOTO 子程序的梯形图如图 4-14 所示。

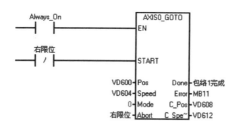

符号	地址	注释
Always_On	SM0.0	始终接通
包络1完成	M10.1	
右限位	I0.2	

图 4-14　AXISO_GOTO 子程序的梯形图

1) 输入参数。

①EN 位：子程序的使能位。在"完成"位发出子程序执行已经完成的信号前，应使 EN 位保持开启。

②START（BOOL 型）：开启 START 参数会向运动轴发出 GOTO 命令。对于在 START 参数开启且运动轴当前不繁忙时执行的每次扫描，该子程序向运动轴发送一个 GOTO 命令。为了确保仅发送了一个 GOTO 命令，可使用边沿检测技术用脉冲方式开启 START 参数。

③Pos 参数（DINT 型）：Pos 参数包含一个数值，指示要移动的位首（绝对移动）或要移动的距离（相对移动）。根据所选的测量单位，该值为脉冲数（DINT）或工程单位数（REAL）。

④Speed（DINT 型）：Speed 参数用于确定移动的最高速度。根据所选的测量单位，该值为脉冲数/s（DINT）或工程单位数/s（REAL）。

⑤Mode（BYTE 型）：Mode 参数用于选择移动的类型，0 为绝对位置；1 为相对位置；2 为单速连续正向旋转；3 为单速连续反向旋转。

⑥Abort（BOOL 型）：开启 Abort 参数会命令运动轴停止执行此命令并减速，直至电动机停止。

2) 输出参数。

①Done（完成）（BOOL 型）：模块完成该指令时，参数为 Done ON。

②Error（错误）（BYTE 型）：输出本子程序执行结果的错误信息。无错误时输出 0。

③C_Pos（DINT 型）：该参数包含以脉冲数作为模块的当前位置。根据测量单位，该值为脉冲数（DINT）或工程单位数（REAL）。

④C_Speed（DINT 型）：C_Speed 参数包含运动轴的当前速度。根据所选的测量单位，该值为脉冲数/s（DINT）或工程单位数/s（REAL）。

单元 5 人机界面组态技术

5.1 认知人机界面

YL-1633B 采用了昆仑通态研发的人机界面 TPC7062KS，可在实时多任务嵌入式操作系统 Windows CE 中运行 MCGS 嵌入式组态软件。

该产品采用了 7in 高亮度 TFT 液晶显示屏（分辨率 800×480），四线电阻式触摸屏（分辨率 4096×4096），色彩达 64K 彩色。

CPU 主板：以 ARM 结构嵌入式低功耗 CPU 为核心，主频 400MHz，64MB 存储空间。

1. TPC7062KS 人机界面的硬件连接

TPC7062KS 人机界面的电源进线及各种通信接口均在背面，如图 5-1 所示。其中，USB1 口用于连接鼠标和 U 盘等，USB2 口用作工程项目下载，COM（RS232）用于连接 PLC。下载线和通信线如图 5-2 所示。

图 5-1　TPC7062KS 的接口

2. TPC7062KS 触摸屏与 S7-200PLC 的连接

在 YL-1633B 中，触摸屏通过 COM 口直接与输送站的 PLC（PORT1）的编程口连接，所使用的通信线采用西门子 PC-PPI 电缆，PC-PPI 电缆把 RS232 转换为 RS485。PC-PPI 电缆的 9 针母头插在屏侧，9 针公头插在 PLC 侧。

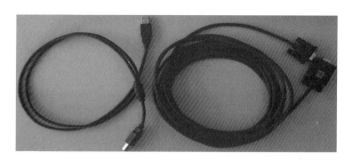

图 5-2　下载线和通信线

为了实现正常通信，除了应正确进行硬件连接外，还应对触摸屏的串行口 0 属性进行设置，可在设备窗组态中实现。

5.2　触摸屏设备组态

为了实现通过触摸屏操作机器，必须给触摸屏设备组态用户界面，该过程称为"组态阶段"。系统组态就是通过 PLC 以"变量"方式进行操作单元与机械设备或过程之间的通信。变量值写入 PLC 上的存储区域（地址），由操作单元从该区域读取。

运行 MCGS 嵌入版组态环境软件，选择"文件"—"新建工程"菜单命令，弹出"工作台"对话框，如图 5-3 所示。MCGS 嵌入版通过"工作台"对话框来管理用户应用系统的 5 个部分：主控窗口、设备窗口、用户窗口、实时数据库和运行策略。单击不同的标签即可进入不同的界面进行组态操作。

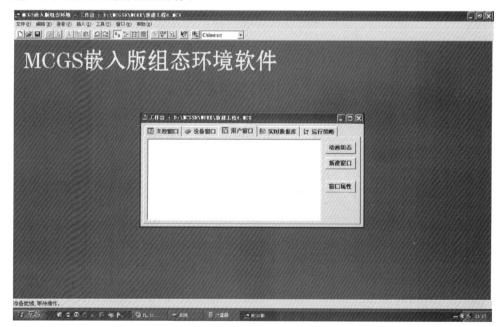

图 5-3　"工作台"对话框

1. 主控窗口

MCGS 嵌入版的主控窗口是组态工程的主窗口，是所有设备窗口和用户窗口的父窗口。它相当于一个大容器，可以放置一个设备窗口和多个用户窗口，负责这些窗口的管理和调度，还可控制用户策略的运行。同时，主控窗口又是组态工程结构的主框架，可在主控窗口内设置系统运行流程及特征参数，以便于用户操作。

2. 设备窗口

设备窗口是 MCGS 嵌入版系统与作为测控对象的外部设备建立联系的后台作业环境，负责驱动外部设备并控制外部设备的工作状态。系统通过设备与数据之间的通道把外部设备的运行数据采集进来，送入实时数据库，供系统其他部分调用，并且把实时数据库中的数据输出到外部设备，实现对外部设备的操控。

3. 用户窗口

用户窗口可看作一个"容器"，用于放置各种图形对象（图元、图符和动画构件），不同的图形对象对应不同的功能，通过对用户窗口内多个图形对象的组态，可生成漂亮的图形界面，为实现动画显示效果做准备。

4. 实时数据库

MCGS 嵌入版通过数据对象来描述系统中的实时数据，用对象变量代替传统意义上的值变量。数据库技术管理的所有数据对象的集合称为实时数据库。实时数据库是 MCGS 嵌入版系统的核心，是应用系统的数据处理中心。系统各个部分均以实时数据库为公用区交换数据，实现各个部分协调动作。

设备窗口通过设备构件驱动外部设备，将采集的数据送入实时数据库；由用户窗口组成的图形对象与实时数据库中的数据对象建立连接关系，以动画形式实现数据的可视化；运行策略通过策略构件对数据进行处理。实时数据库数据流如图 5－4 所示。

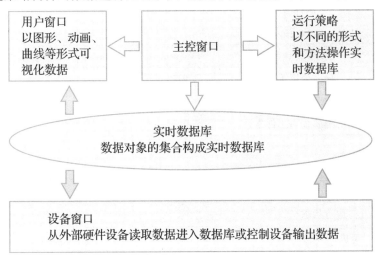

图 5－4　实时数据库数据流

5. 运行策略

对于复杂的工程，监控系统必须设计成多分支、多层循环嵌套式结构，按照预定的条件，对系统的运行流程及设备的运行状态进行有针对性的选择和精确的控制。为此，MCGS嵌入版引入了运行策略的概念，用以解决上述问题。

所谓"运行策略"，是用户为实现对系统运行流程自由控制所组态生成的一系列功能块的总称。MCGS嵌入版为用户提供了进行策略组态的专用窗口和工具箱。运行策略的建立，使系统能够按照设定的顺序和条件操作实时数据库，控制用户窗口的打开、关闭以及设备构件的工作状态，从而实现对系统过程的精确控制及有序调度管理的目的。

5.3 人机界面组态的具体操作流程

1. 创建工程

如果在 TPC 类型中找不到"TPC7062KS"，请选择"TPC7062K"，工程名称为"1633B-分拣站"。

2. 定义数据对象

根据表 5-1 定义数据对象，所有的数据对象见表 5-2。

表 5-1　触摸屏组态画面各元件对应的 PLC 地址

元件类别	名称	输入地址	输出地址	备注
位状态切换开关	单机/全线切换	M0.1	M0.1	
位状态开关	启动按钮		M0.2	
	停止按钮		M0.3	
	清零累计按钮		M0.4	
位状态指示灯	单机/全线指示灯	M0.1	M0.1	
	运行指示灯		M0.0	
	停止指示灯		M0.0	
数值输入元件	变频器频率给定	VW1002	VW1002	最小值40，最大值50
数值输出元件	白芯金属工件累计	VW70		
	白芯塑料工件累计	VW72		
	黑芯金属工件累计	VW74		

表 5-2　数据对象

数据名称	输出地址
运行状态	开关型
单机/全线切换	开关型
启动按钮	开关型

续表

数据名称	输出地址
停止按钮	开关型
清零累计按钮	开关型
变频器频率给定	数值型
白芯金属工件累计	数值型
白芯塑料工件累计	数值型
黑芯金属工件累计	数值型

下面以数据对象"运行状态"为例，介绍定义数据对象的步骤。

（1）单击"工作台"对话框中的"实时数据库"标签，进入"实时数据库"窗口。

（2）单击"新增对象"按钮，在"数据对象"列表中增加新的数据对象，系统缺省定义的名称为"Data1""Data2""Data3"等（多次单击该按钮，则可增加多个数据对象）。

（3）选中对象，单击"对象属性"按钮或双击选中对象，可打开"数据对象属性设置"窗口。

（4）将对象名称改为"运行状态"；对象类型选择"开关型"；单击"确认"按钮。

（5）参照上述步骤设置其他数据对象。

3. 设备连接

为了使触摸屏和PLC通信实现连接，必须将定义好的数据对象和PC内部变量连接好，具体操作步骤如下：

（1）双击"设备窗口"图标进入"设备组态：设备窗口"。

（2）单击工具条中的"工具箱"按钮，打开"工具箱"。

（3）在可选设备列表中双击"通用串口父设备"，然后双击"西门子_S7200PPI"，如图5-5所示。

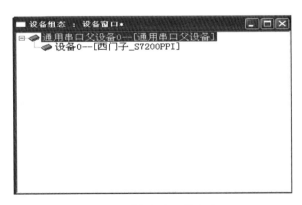

图5-5 设备组态：设备窗口

（4）双击"通用串口父设备"，进入"通用串口设备属性编辑"对话框，如图5-6所示。

图5-6　"通用串口设备属性编辑"对话框

在对话框中进行如下设置：

1）串口端口号（1~255）：0-COM1。

2）通讯波特率：8-19200。

3）数据校验方式：2-偶校验。

4）其他设置保持默认。

（5）双击"西门子_S7200PPI"，进入"设备编辑窗口"，如图5-7所示。默认右窗口自动生成通道名称I000.0~I000.7，可以单击"删除全部通道"按钮进行删除。

（6）进行变量的连接。这里以"运行状态"变量连接为例。

1）单击"增加设备通道"按钮，打开如图5-8所示的"添加设备通道"对话框。

参数设置如下：

①通道类型：选择M寄存器。

②数据类型：通道的第00位。

③通道地址：0。

④通道个数：1。

⑤读写方式：只读。

2）单击"确认"按钮，完成基本属性设置。

3）双击"只读M000.0"通道对应的连接变量，从数据中心选择变量"运行状态"。用同样的方法增加其他通道，连接变量，结果如图5-9所示，最后单击"确认"按钮。

图 5 - 7　设备编辑窗口

图 5 - 8　"添加设备通道"对话框

索引	连接变量	通道名称	通道处理
0000		通讯状态	
0001	运行状态	只读M000.0	
0002	单机全线切换	读写M000.1	
0003	启动按钮	只写M000.2	
0004	变频器频率给定	只写VWUB1002	

图 5 - 9　增加通道

4. 画面和元件的制作

（1）新建画面并设置属性。

1）在"用户窗口"中单击"新建窗口"按钮，建立"窗口 0"。选中"窗口 0"，单击"窗口属性"按钮，进行用户窗口属性设置。

2）将窗口名称改为"分拣画面"。

3）单击"窗口背景"按钮，在"颜色"对话框中选择所需的颜色，如图 5‐10 所示。

图 5‐10   "颜色"对话框

（2）制作文字框图（以标题文字的制作为例）。

1）单击工具条中的"工具箱"按钮 ⚒，打开"工具箱"。

2）选择"工具箱"内的"标签"，光标呈"十字"形，在窗口顶端中心位置拖曳鼠标，根据需要绘制一个矩形。

3）在光标闪烁位置输入文字"分拣站界面"，按回车键或在窗口任意位置单击以完成输入。

4）选中文字框，进行如下设置：

①单击工具条上的"填充色"按钮 ▨，设置文字框的背景颜色为白色。

②单击工具条上的"线色"按钮 ▨，设置文字框的边线颜色为"没有边线"。

③单击工具条上的"字符字体"按钮 A，设置文字字体为"华文细黑"；字型为"粗体"；大小为"二号"。

④单击工具条上的"字符颜色"按钮 ▦，将文字颜色设为藏青色。

5）文字框的其他属性设置如下：

①背景颜色：同画面背景颜色。

②边线颜色：没有边线。

③字体：华文细黑。

④字型：常规。

⑤字体大小：二号。

（3）制作状态指示灯（以"单机/全线"指示灯为例）。

1）单击"工具箱"中的"插入元件"按钮![按钮]，打开"对象元件库管理"对话框，如图5-11所示，在左侧列表中选择"指示灯6"，单击"确定"按钮。双击右侧窗口中的指示灯，打开如图5-12所示的"单元属性设置"对话框。

图 5-11　"对象元件库管理"对话框

图 5-12　"单元属性设置"对话框

2）在"数据对象"标签中，单击右上角的"![?按钮]"按钮，从数据中心选择"单机全线切换"变量。

3）在"动画连接"标签中，单击右上角的" > "按钮，如图 5-13 所示。

图 5-13 "动画连接"标签

4）打开"标签动画组态属性设置"对话框，如图 5-14 所示。

图 5-14 "标签动画组态属性设置"对话框

5）在"属性设置"标签中，将填充颜色设为白色。

6）在"填充颜色"标签中，设分段点 0 对应的颜色为白色；分段点 1 对应的颜色为浅绿色，如图 5-15 所示，单击"确认"按钮完成设置。

图 5－15　设置填充颜色

（4）制作切换旋钮。

单击"工具箱"中的"插入元件"按钮 ，打开"对象元件库管理"对话框，如图 5－16 所示，在左侧列表中选择"开关 6"，单击"确定"按钮。双击右侧窗口中的旋钮，打开如图 5－17 所示的"单元属性设置"对话框。在"数据对象"标签中，将"按钮输入"和"可见度"的数据对象连接均设为"单机全线切换"。

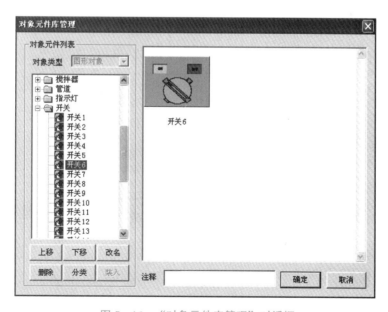

图 5－16　"对象元件库管理"对话框

图 5-17 "单元属性设置"对话框

（5）制作按钮（以"启动"按钮为例）。

1）单击"工具箱"中的"按钮"按钮 ，在窗口中拖曳出一个大小合适的按钮，双击按钮，打开"标准按钮构件属性设置"对话框，属性设置如图 5-18 所示。

图 5-18 "标准按钮构件属性设置"对话框

2）在"基本属性"标签中，将"抬起""按下"状态对应的"文本"都设置为"启动按钮"。"抬起"功能的属性：字体设为"宋体"，字体大小设为"五号"，背景颜色设为浅绿色。"按下"功能的属性：字体大小设为"小五号"，其他同"抬起"功能。

3）在"操作属性"标签中，"抬起"功能的属性：数据对象操作清 0，启动按钮。"按下"功能的属性：数据对象操作置 1，启动按钮。

4）其他设置默认。单击"确认"按钮完成。

（6）数值输入框。

1）单击"工具箱"中的"输入框"按钮 , 拖曳鼠标绘制一个输入框。

2）双击 ，在弹出的"输入框构件属性设置"对话框中设置操作属性。

①数据对象名称：变频器频率给定。

②使用单位：Hz。

③最小值：40。

④最大值：50。

⑤小数位数：0。

设置结果如图 5-19 所示。

图 5-19 "输入框构件属性设置"对话框

（7）数据显示（以白色金属料累计数据显示为例）。

1）单击"工具箱"中的"显示框"按钮 ，拖曳鼠标绘制 1 个显示框。

2）双击显示框，打开"标签动画组态属性设置"对话框，在"输入输出连接"选项组中勾选"显示输出"，对话框会出现"显示输出"标签，如图 5-20 所示。

3）单击"显示输出"标签，设置显示输出属性，具体如下：

①表达式：白色金属料累计。

②单位：个。

③输出值类型：数值量输出。

④输出格式：十进制。

⑤整数位数：0。

图 5-20 "标签动画组态属性设置"对话框

⑥小数位数：0。

4）单击"确认"按钮，制作完毕。

（8）制作矩形框。

单击"工具箱"中的"矩形"按钮 □ ，在窗口的左上方拖曳出一个大小适当的矩形。

双击矩形，出现如图 5-21 所示的"动画组态属性设置"对话框，属性设置如下：

1）单击工具条上的"填充色"按钮 ，设置矩形框的背景颜色为"没有填充"。

2）单击工具条上的"线色"按钮 ，设置矩形框的边线颜色为白色。

3）其他设置默认。单击"确认"按钮完成。

图 5-21 "动画组态属性设置"对话框

5. 工程的下载

在 YL-1633B 上，TPC7062KS 触摸屏是通过 USB2 口与计算机连接的。连接之前，计算机应安装 MCGS 组态软件。

若需从 MCGS 组态软件上下载资料到 HMI，在"下载配置"对话框中先单击"连机运行"，再单击"工程下载"即可，如图 5 - 22 所示。如果需要在计算机上模拟测试工程项目，则先单击"模拟运行"，再单击"工程下载"即可。

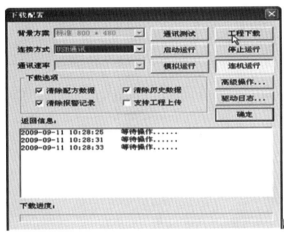

图 5 - 22　工程下载

工业机器人技术

工业机器人是广泛应用于工业领域的多关节机械手或多自由度的机器装置,具有一定的自动性,可依靠自身的动力能源和控制能力实现各种工业加工制造功能。工业机器人被广泛应用于电子、物流、化工等多个工业领域中。

6.1 IRB120 型工业机器人

1. 工业机器人简介

下面以 ABB IRB120 型工业机器人为例进行讲解。IRB120 型工业机器人的外形如图 6-1 所示,控制器实物如图 6-2 所示。

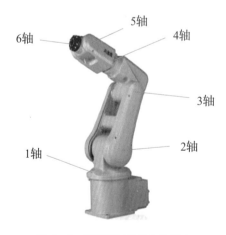

图 6-1 IRB120 型工业机器人

图 6-2 控制器实物

IRB120 型工业机器人是 ABB 公司的第四代机器人,拥有 6 个自由度,具有动作敏捷、结构紧凑、质量轻等优点,控制精度与路径精度俱佳。IRB120 型工业机器人各轴的运动范围及最大的运行速度见表 6-1。

表 6-1　IRB120 型工业机器人各轴运动范围及最大运行速度

轴运动	工作范围	最大运行速度
轴 1 旋转	+165°～-165°	250°/s
轴 2 手臂	+110°～-110°	250°/s
轴 3 手臂	+70°～-90°	250°/s
轴 4 手腕	+160°～-160°	250°/s
轴 5 弯曲	+120°～-120°	250°/s
轴 6 翻转	+400°～-400°	250°/s

2. 工业机器人控制器

工业机器人控制器主要包括两部分：控制面板和外部接口。控制面板包括总开关、急停按钮，以及电动机开启、指示、模式选择开关等；外部接口包括示教器连接接口、工业机器人驱动接口、工业机器人控制接口以及 I/O 通信接口等。工业机器人控制器的结构如图 6-3 所示，工业机器人控制器各组成部分说明见表 6-2。

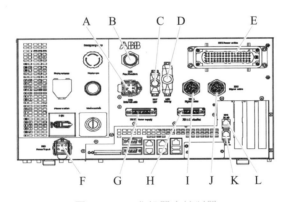

图 6-3　工业机器人控制器

表 6-2　工业机器人控制器各组成部分说明

序号	说明
A	XS8 附加轴，电源电缆连接器（不能用于此版本）
B	XS4 FlexPendant 连接器
C	XS7 I/O 连接器
D	XS9 安全连接器
E	XS1 电源电缆连接器
F	XS0 电源输入连接器
G	XS10 电源连接器
H	XS11 DeviceNet 连接器

续表

序号	说明
I	XS41 信号电缆连接器
J	XS2 信号电缆连接器
K	XS13 轴选择器连接器
L	XS12 附加轴，信号电缆连接器（不能用于此版本）

3. 工业机器人示教器

工业机器人示教器主要由连接电缆、触摸屏、急停按钮、控制杆、USB 端口、使能器按钮、触摸笔、重置按钮组成，如图 6-4 所示。

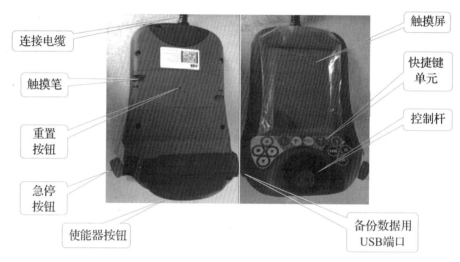

图 6-4　工业机器人示教器

使能器按钮是为保证操作人员人身安全而设置的，只有在按下使能器按钮，并处于"电机开启"状态，才能对工业机器人进行手动操作与程序调试。一旦发生危险，人会本能地将使能器按钮松开或按紧，此时工业机器人则会立即停止。手动状态下，使能器按钮分为两挡：第一挡按下去，工业机器人将处于电动机开启状态；第二挡按下去，工业机器人就会处于防护装置停止状态。

示教器以简洁、直观、可互动的彩色触摸屏和 3D 控制杆为设计特色，具有强大的定制应用支持功能，可加载自定义的操作屏幕等要件，无须另设工作站人机界面。

6.2　工业机器人控制器和示教器的应用

1. 使用步骤

工业机器人控制器、示教器上的急停按钮初始时处于松开状态，此时工业机器人处于何种状态取决于实际情况，这里设置为手动状态，然后将电源开关设置为 ON 状态，系统启动完成后即可进行手动操作。

2. ABB 工业机器人的手动操作

手动操作状态下，工业机器人的运动一共有 3 种模式：单轴运动、线性运动和重定位运动。

（1）单轴运动。

通常，ABB 工业机器人通过 6 个伺服电动机分别驱动 6 个关节轴。那么，每次手动操作一个关节轴的运动，就称为单轴运动，具体方法如下：

第 1 步，接通电源，使用钥匙将工业机器人的状态切换为手动状态，如图 6-5 所示。

图 6-5　工业机器人状态切换

第 2 步，单击"ABB"按钮，选择"动作模式"，再选择"轴 1-3"，然后单击"确定"按钮，如图 6-6 所示。

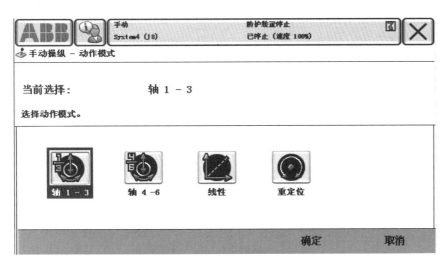

图 6-6　选择"轴 1-3"

第3步，用左手按下使能器按钮，进入"电机开启"状态，操作控制杆，工业机器人的1、2、3轴就会动作，如图6-7所示。控制杆的操作幅度越大，工业机器人的动作速度就越快。同理，选择"轴4-6"，操作控制杆，工业机器人的4、5、6轴就会动作。

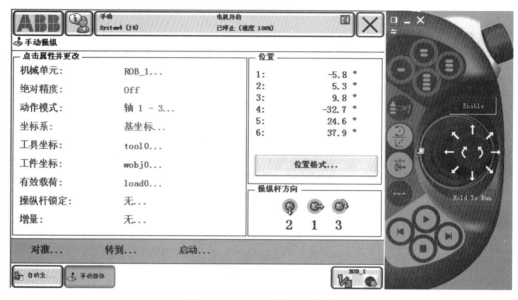

图6-7 1、2、3轴动作状态

（2）线性运动的手动操作。

工业机器人的线性运动是指安装在机器人第6轴法兰盘上的TCP（工具中心点）在空间做线性运动，具体方法如下：

第1步，单击"ABB"按钮，选择"动作模式"，再选择"线性"，然后单击"确定"按钮，如图6-8所示。

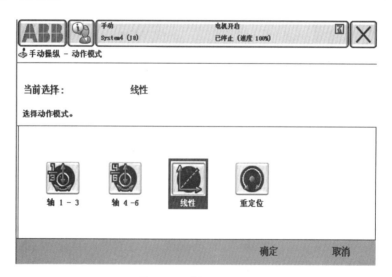

图6-8 选择"线性"

第 2 步，工业机器人做线性运动要在"工具坐标"中指定对应的工具，这里用"tool 0"（系统自带的工具坐标）操作示教器上的控制杆，示教器界面如图 6-9 所示。

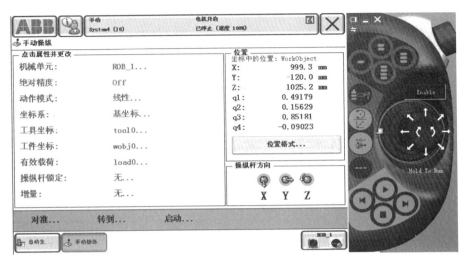

图 6-9　工具坐标

（3）重定位运动的手动操纵。

工业机器人的重定位运动是指安装在机器人第 6 轴法兰盘上的 TCP 在空间做线性运动，也可以理解为工业机器人绕着 TCP 做姿态调整运动。具体方法如下：

第 1 步，单击"ABB"按钮，选择"动作模式"，选择"重定位"，然后单击"确定"按钮，如图 6-10 所示。

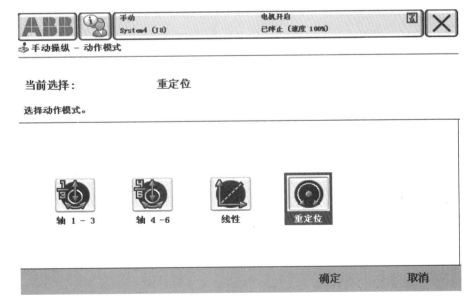

图 6-10　选择"重定位"

第2步，单击"坐标系"，选择"工具"，然后单击"确定"按钮，如图 6-11 所示。

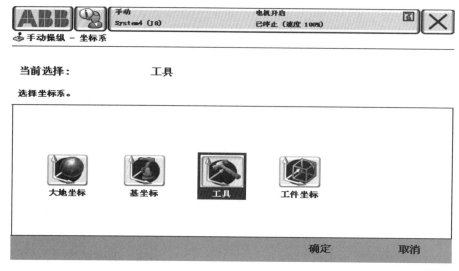

图 6-11　选择"工具"

第3步，单击"工具坐标"，选择"tool 0"，然后单击"确定"按钮，操作示教器上的控制杆，TCP 做姿态调整运动，示教器界面如图 6-12 所示。

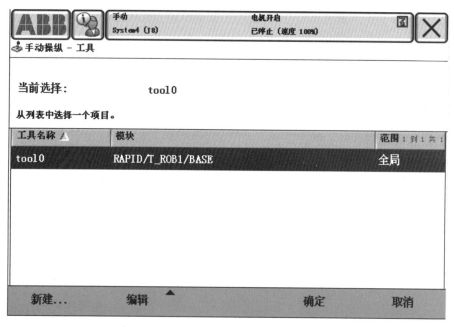

图 6-12　选择"tool 0"

（4）示教器的手动操作快捷按钮如图 6-13 所示。

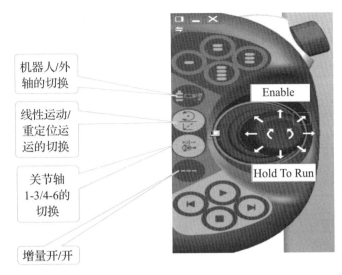

图 6-13　手动操作快捷按钮

6.3　工业机器人指令简单介绍

1. 工业机器人运动指令

工业机器人的空间运动主要有绝对位置运动（MoveAbsJ）、关节运动（MoveJ）、线性运动（MoveL）和圆弧运动（MoveD）4 种方式。

（1）绝对位置运动指令。

绝对位置运动是指工业机器人的运动通过 6 个轴和外轴的角度来定义目标位置数据。常用于使工业机器人的 6 个轴回到机械零点（0°）的位置。指令参数如图 6-14 所示的加底纹区域。

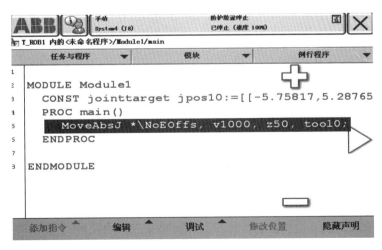

图 6-14　绝对位置运动指令

指令数据解析见表 6 - 3。

表 6 - 3　指令数据解析

参数	含义
*	目标点位置数据
\ NoEoffs	外轴不带偏移数据
v1000	运动速度数据，1 000mm/s
z50	转弯区数据
tool 0	工具坐标数据

（2）关节运动指令。

关节运动是指在对路径精度要求不高的情况下，工业机器人的 TCP 从一个位置移动到另一个位置，两个位置之间的路径不一定是直线。指令如下：

MoveJ p10，v1000，z250，tool0

工业机器人的 TCP 从当前位置向 p10 点运动，速度是 1 000mm/s，转弯区数据是 50mm，距离 p10 点还有 50mm 时开始转弯，使用的工具坐标是 too10。

（3）线性运动指令。

线性运动是指工业机器人的 TCP 从起点到终点之间的路径始终保持直线。焊接、涂胶等应用对路径要求较高，此类场合通常使用该指令。指令如下：

MoveL p10，v1000，fine，tool1

（4）圆弧运动指令。

圆弧运动是指工业机器人在圆弧路径上运动。圆弧路径是指在工业机器人可到达的空间范围内定义 3 个位置点，第一点是圆弧的起点，第二点用于设定圆弧的曲率，第三点是圆弧的终点。指令如下：

MoveC p10，p20，v1000，z1，tool1

说明：在运动指令中，速度通常最高为 500mm/s，在手动限速状态下，所有的运动速度被限速在 250mm/s。关于转弯区，fine 指工业机器人的 TCP 达到目标点，在目标点的速度为 0，工业机器人动作停顿后再向下运动。如果是一段路径的最后一个点，一定要定义为fine。转弯区数值越大，工业机器人的动作路径就越圆滑、流畅。

2. 工业机器人 I/O 指令

I/O 控制指令用于控制 I/O 信号，以达到与工业机器人周边设备进行通信的目的。

（1）Set 数字信号置位指令。

Set 数字信号置位指令用于将数字输出信号置位 1。指令如下：

Set do1;

（2）Reset 数字信号复位指令。

Reset 数字信号复位指令用于将数字输出信号置位 0。指令如下：

Reset dol；

注意：如果在 Set、Reset 指令前有运动指令 MoveJ、MoveL、MoveC、MoveAbsj 的转弯区数据，必须使用 fine 指令才可以准确地输出 I/O 信号的状态变化。

（3）WaitDI 数字输入信号判断指令。

WaitDI 数字输入信号判断指令用于判断数字输入信号的值与目标是否一致。指令如下：

WaitDI dil，1；等待，直到输入信号 dil 为 1，才跳到下一步。

（4）WaitDO 数字输出信号判断指令。

WaitDO 数字输出信号判断指令用于判断数字输出信号的值与目标是否一致。指令如下：

WaitDO dil，1；等待，直到输入信号 di1 为 1，才跳到下一步。

（5）WaitTime 时间等待。

WaitTime 为时间等待指令，即等待时间到达用户所设定的时间。指令如下：

WaitTime 1；等待 1s 后执行下一动作。

（6）:=赋值指令用于对程序数据进行赋值。

（7）Stop 停止指令用于停止程序执行。

（8）Offs 位置偏移指令用于对工业机器人的位置进行偏移。

Offs（p10，30，20，10）是指在 p10 的位置上在 X 轴位置偏移 30，Y 轴位置偏移 20，Z 轴位置偏移 10。

YL-1633B 自动化生产线的安装与调试

供料单元的安装与调试

知识目标

- 掌握供料单元的组成。
- 掌握气缸、电磁换向阀、节流阀的工作原理，以及气路连接与选型的方法。
- 掌握磁性开关、光敏开关、电感传感器的工作原理，以及接线与选型的方法。
- 掌握供料单元机械部分的安装与接线方法。
- 掌握供料单元气动系统的连接与调试方法。
- 掌握供料单元 PLC 控制系统的设计方法。
- 掌握供料单元电气控制线路的接线方法。

能力目标

- 能够准确叙述供料单元的功能及组成。
- 能够绘制出供料单元的电气原理图。
- 能够绘制出供料单元的气动原理图。
- 能够完成供料单元机械、气动系统的安装及调试。
- 能够完成供料单元 PLC 控制系统的设计、安装及调试。
- 能够正确调整传感器的安装位置及工作模式开关。

素质目标

- 遵循国家标准，操作规范。
- 工作细致，态度认真。
- 团结协作，有创新精神。

项目描述

供料单元的主要组成结构：大工件装料管、光电传感器、推料气缸、电磁阀组和PLC等，如图1-1所示。

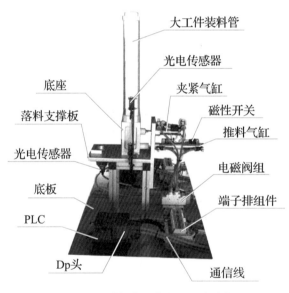

图1-1　供料单元的主要组成结构

供料单元的具体功能：按照需要将放置在料仓中的待加工工件（原料）自动推到物料台上，以便输送单元的机械手抓取并输送到其他单元。

供料单元的工作过程：工件垂直叠放在料仓中，推料气缸处于料仓的底层并且其活塞杆可从料仓的底部通过。活塞杆退回位置时，与最下层工件处于同一水平位置，而夹紧气缸则与次下层工件处于同一水平位置。若需将工件推到物料台上，首先使夹紧气缸的活塞杆推出，压住次下层工件；然后使推料气缸的活塞杆推出，从而把最下层工件推到物料台上。在推料气缸返回并从料仓底部抽出后，再使夹紧气缸返回，松开次下层工件。这样，料仓中的工件在重力作用下，会自动向下移动一个工件，为下一次推出做好准备。

以小组为单位，根据给定的任务，结合所学知识搜集资料，和组员讨论后完成表1-1。

表 1-1　供料单元工作页

项目	内容
 光电传感器	光电传感器 1 的作用： 光电传感器 2 的作用： 光电传感器 3 的作用： 光电传感器 4 的作用：
 磁性开关	供料单元一共用到几处磁性开关？阐述其作用。
 气缸作用	顶料气缸： 挡料气缸：
 二位五通电磁阀组	(1) 电磁阀 1Y1 得电，推料气缸_____； 电磁阀 1Y1 失电，推料气缸_____。 (2) 电磁阀 2Y1 得电，顶料气缸_____； 电磁阀 2Y1 失电，顶料气缸_____。 (3) 电磁阀组是如何和气缸搭配工作的？推料气缸和顶料气缸的初始状态分别是什么？
 西门子 S7-200smart	(1) 查找输入端、输出端、公共端、电源端、接地端、通信口。 (2) 输入点个数：_____ 输出点个数：_____
本次任务得分	

任务 1　供料单元的机械安装

任务描述：亚龙 YL-1633B 供料单元的机械安装。

任务目标：1. 掌握供料单元的机械安装流程。

　　　　　　　2. 熟悉安装注意事项。

任务实施：

（1）观看相关视频、PPT，仔细阅读"表 1-2　供料单元机械安装步骤"和"表 1-3　供料单元安装参考流程"。

表 1-2　供料单元机械安装步骤

第 1 步	第 2 步	第 3 步
型材支架的安装	气缸支撑板的安装	出料台及料仓底座组件的安装

第 4 步	第 5 步
落料板的安装	工件装料管　工件　充电传感器1　料仓底座　充电传感器2　金属传感器　支架　接线端口　充电传感器3 安装完成

表 1-3　供料单元安装参考流程

1. 型材支架的安装

安装顺序：

- 用"L"型脚架把上面的型材安装成正方形；
- 后侧的型材用螺栓固定；
- 用"L"型脚架安装 4 个支架。

注意事项：

- 令"L"型脚架与螺栓、螺母配合；
- 图中"注意"位置须内装两个螺母；
- 安装支架时不要把螺栓拧得太紧

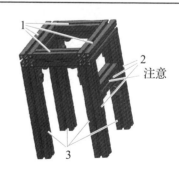

续表

2. 支架安装到工作台上

（为了便于安装上面的面板，此处把支架固定住）

注意事项：

● 不要把螺钉拧得太紧；

● 注意支架的安装位置和前后方向（带有横担的一侧应安装在后面）

3. 气缸支撑板的安装

安装顺序：

● 安装节流阀；

● 安装推料气缸；

● 安装顶料气缸及节流阀；

● 安装气缸推料块。

注意事项：

● 安装气缸时要注意气缸的上下（下面的较长）位置；

● 气缸支撑板的正反

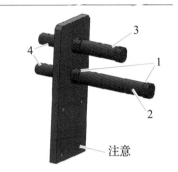

4. 落料板的安装

安装顺序：

● 安装光电传感器的支架；

● 安装物料台挡块；

● 安装光电传感器支架；

● 安装物料仓。

注意事项：

● 物料仓的安装方向；

● 落料板的正反（凹槽面朝上）；

● 4 个长螺栓要对角紧固

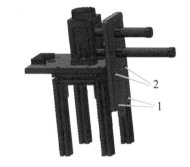

5. 气缸支撑板安装到支架上

安装顺序

● 安装下面的螺栓；

● 安装上面的螺栓；

● 对角紧固。

注意事项：

● 安装气缸支撑板时应使气缸与物料仓中心对齐；

● 先安装下面的两个螺栓，上面的两个螺母可用螺钉旋具送进

此处四个长螺栓要对角安装

（2）教师或学生安装一次供料单元，学生进行记录。

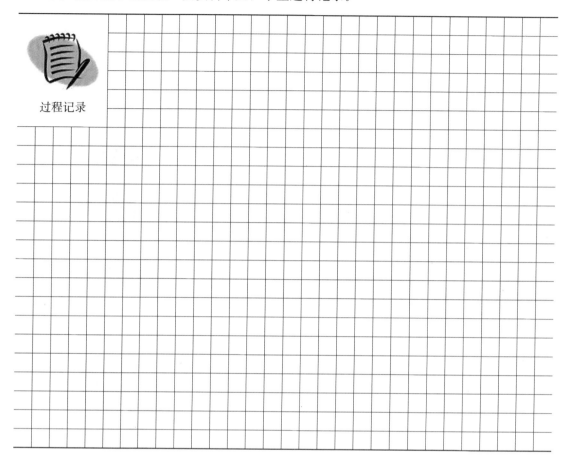

过程记录

（3）每组动手安装一次供料单元。教师检查后完成下表。

评价表

	序号	能力点	掌握情况	本次任务得分
评价	1	支架安装正确	□是　□否	
	2	气缸安装正确	□是　□否	

任务 2　供料单元的气路连接

任务描述： 亚龙 YL-1633B 供料单元的气路连接。

任务目标： 1. 掌握供料单元的气动回路设计。

2. 熟悉供料单元的气路连接。

3. 了解每个气缸的初始状态。

供料单元的
气路连接

任务实施：

（1）请绘制自动供料装置的气动控制回路。

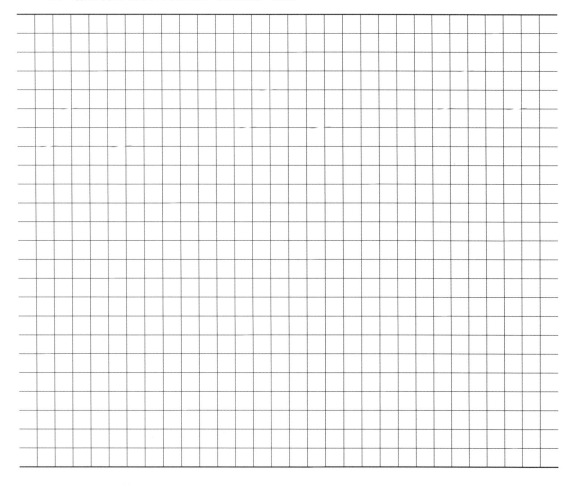

（2）连接气路，调试时注意以下几项：

1）气缸的初始状态：顶料气缸的初始状态为缩回；推料气缸的初始状态为缩回。可手动调节其初始状态。

2）调解节流阀控制气缸的伸出和缩回速度。

（3）每组动手连接气路。教师检查后完成下表。

评价表

	序号	能力点	掌握情况	本次任务得分
评价	1	气缸安装位置正确	□是　□否	
	2	气路接线正确	□是　□否	
	3	气路调试流畅	□是　□否	

任务 3 供料单元的电气接线

供料单元的
电气接线

任务描述： 亚龙 YL-1633B 供料单元的电气接线。

任务目标： 1. 掌握供料单元的传感器接线。

2. 熟悉供料单元的规范布线。

任务实施：

（1）仔细分析已经完成布线的供料单元的接线情况，并绘制电气接线图。

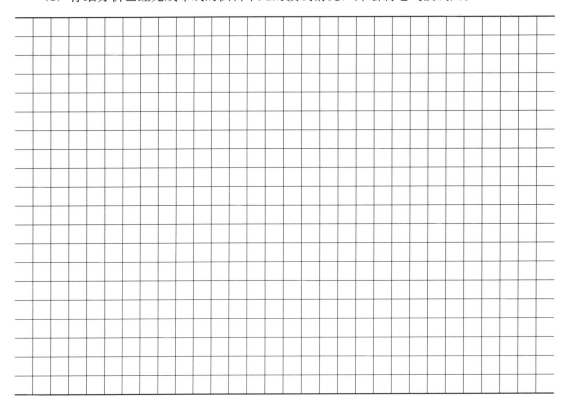

（2）根据绘制的电气接线图，每组动手布线一次。

接线时应注意，装置侧端口中输入信号端子的上层（＋24V）只能作为传感器的正电源端，切勿用于电磁阀等执行元件的负载。电磁阀等执行元件的正电源端和 0V 端应连接到输出信号下层的对应端子上。装置侧接线完成后，用扎带绑扎，确保整齐、美观。

PLC 侧的接线包括：电源侧的接线，PLC 的 I/O 点与 PLC 侧接线端口之间的连线，PLC 的 I/O 点与按钮指示灯模块的端子之间的连线。

电气接线的工艺应符合国家职业标准规定。例如，导线连到端子时，采用紧端子压接方法；连接线须有符合规定的标号；每一端子的连接线不超过 2 根等。

（3）根据绘制的电气接线图，在表 1－4 中列出供料单元装置侧的接线端口信号端子的分配情况。

表 1-4　供料单元装置侧的接线端口信号端子的分配情况

项目	内容
 输入分配表	
 输出分配表	

（4）教师检查各项操作后完成下表。

评价表

	序号	能力点	掌握情况	本次任务得分
 评价	1	传感器接线正确	□是　□否	
	2	公共端接线正确	□是　□否	
	3	电磁阀接线正确	□是　□否	

任务 4　供料单元的编程调试

任务描述：编写供料单元的主程序。

任务目标：1. 掌握供料单元 PLC 编程的技能。

　　　　　2. 熟悉复杂 PLC 控制系统的编程思路。

任务实施：

（1）分析供料单元工作任务，分解工作过程。

1）供料单元各气缸的初始位置：挡料气缸处于伸出状态，顶料气缸处于缩回状态，料仓上已经有足够数量的小圆柱零件；供料机械手的升降气缸处于提升状态，伸缩气缸处于缩回状态，气爪处于松开状态。

设备上电并接通气源后，若各气缸满足初始位置要求，料仓上有足够数量的小圆柱零件，工件供料台上没有待供料工件，则"正常工作"指示灯 HL1 常亮，表示设备准备好；否则，该指示灯以 1Hz 频率闪烁。

2）设备准备好后，按下启动按钮，供料单元启动，"设备运行"指示灯 HL2 常亮。

3）完成供料任务后，供料机械手应返回初始位置，等待下一次供料。

4）若在运行过程中按下停止按钮，则供料机构立即停止供料，在供料条件满足的情况下，供料单元在完成本次供料后停止工作。

5）运行中发生"零件不足"报警时，指示灯 HL3 以 1Hz 频率闪烁，指示灯 HL1 和 HL2 常亮。运行中发生"零件没有"报警时，指示灯 HL3 以亮 1s、灭 0.5s 的方式闪烁，HL2 熄灭，HL1 常亮。

（2）绘制装置控制流程图，并编写 PLC 程序。（可附页）

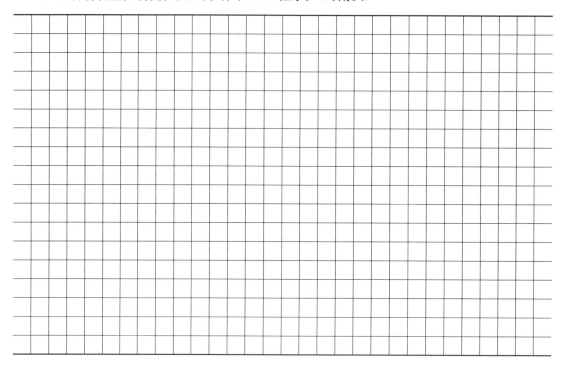

完成以上操作后，以小组为单位与教师交流！

（3）完成程序编制后，在实训台上完成材料自动供料装置机械零部件的装配，完成电气及气动控制回路的安装、安全测试与功能手动调试。然后打开 S7-200 smart PLC 编程软件 STEP7 SMART V2.0，完成 PLC 程序的输入、下载、监控，最终完成材料自动供料装置的功能调试。

（4）利用编程软件的编译与纠错功能检查程序，确保程序的正确性。可按下列步骤完成系统调试。（在完成的步骤后打"√"）

□ PLC 输入设备和输入口的接线是否正确。

□ PLC 输入设备 COM 端和输入端口 COM 端接线是否正确。

□ PLC 输出设备和输出端口的接线是否正确。

□ PLC 输出端口 COM 端是否与 24V 直流电源正确连接。

□ 请老师检查接线是否正确，然后完成安全测试，记录测试结果。

□ 打开编程软件，输入符号表与 PLC 梯形图程序并编译，必要时调试逻辑错误。

□ 连接通信电缆，打开 PLC 电源，将程序下载到 PLC 中。

□ 将 PLC 状态设置为"RUN"，开启监控，进行装置功能调试。

□ 设备上电且气源接通后，若按钮/指示灯模块上的工作方式选择开关 SA 置于断开位置，则工作单元的两个气缸均处于缩回位置。

□ 料仓内有足够的工件，则指示灯 HL1 常亮，表示设备已准备好。否则，该指示灯以 1Hz 频率闪烁。

□ 若设备准备好，按下启动按钮，工作单元启动，指示灯 HL2 常亮。

□ 启动后，若出料台上没有工件，则顶料气缸伸出，顶住上方工件。

□ 顶料气缸顶住工件 1s 后，推料气缸伸出，将工件推到出料台上。

□ 当出料台检测到当前位置有物料后，推料气缸缩回。

□ 推料气缸缩回 1s 后，顶料气缸缩回。

□ 出料台上的工件被人工取出后，若没有停止信号，则进行下一次推出工件操作。

□ 若在运行中按下停止按钮，则在完成本工作周期任务后，工作单元停止工作，指示灯 HL2 熄灭。

□ 若运行中料仓内工件不足，则工作单元继续工作，但指示灯 HL2 以 1Hz 频率闪烁，指示灯 HL1 保持常亮。

□ 若料仓内没有工件，则指示灯 HL1 和 HL2 均以 1Hz 频率闪烁。

□ 工作单元在完成本周期任务后停止。除非向料仓补充足够的工件，否则工作单元不能再启动。

（5）请将正确的供料单元 PLC 控制程序记录下来。

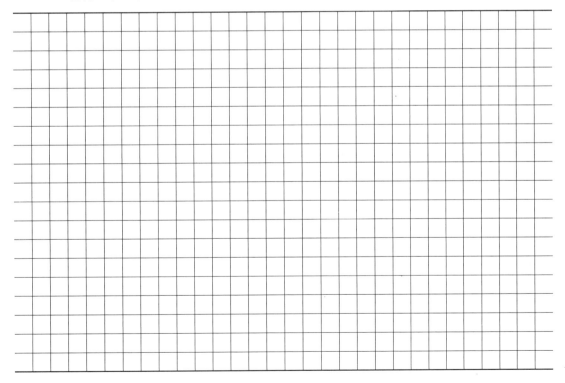

（6）教师检查各项操作后完成下表。

评价表

	序号	能力点	掌握情况	本次任务得分
评价	1	供料单元控制正确	□是　□否	
	2	供料单元控制流畅	□是　□否	
	3	完全掌握供料单元控制	□是　□否	

 调试与运行

（1）调整气动部分，检查气路是否正确，气压是否合适，气缸的动作速度是否合适。

（2）检查磁性开关的安装位置是否到位，磁性开关工作是否正常。

（3）检查 I/O 接线是否正确。

（4）检查光电接近开关安装是否合理，灵敏度是否合适，保证检测的可靠性。

（5）放入工件，运行程序，观察供料单元动作是否满足任务要求。

（6）调试各种可能出现的情况，比如在任何情况下都有可能加入工件，要确保系统随时能够可靠工作。

（7）优化程序。

 问题与思考

（1）简述气动连线检查的方法、传感器接线检查的方法、I/O 检测及故障排除的方法。

（2）加工过程中出现意外情况应如何处理？

（3）如果想采用网络控制，应如何实现？

（4）思考供料单元可能会出现的各种问题。

即测即评二

加工单元的安装与调试

知识目标

- 掌握加工单元的组成。
- 掌握直线导轨副的选型方法。
- 掌握薄型气缸的工作原理。
- 掌握气动手指的结构与工作原理。
- 掌握加工单元机械部分的安装与接线方法。
- 掌握加工单元气动系统的连接与调试方法。
- 掌握加工单元 PLC 控制系统的设计方法。
- 掌握加工单元电气控制电路的接线方法。

能力目标

- 能够准确叙述加工单元的功能及组成。
- 能够绘制加工单元的电气原理图
- 能够绘制加工单元的气动原理图
- 能够完成加工单元机械、气动系统的安装及调试。
- 能够完成加工单元 PLC 控制系统的设计、安装及调试。
- 能够正确调整传感器的安装位置及工作模式开关。

素质目标

- 遵循国家标准，操作规范。

自动化生产线安装与调试

- 工作细致，态度认真。
- 团结协作，有创新精神。

 项目描述

加工单元主要由气缸、阀组、导轨、气动手指等组成，如图 2-1 所示。

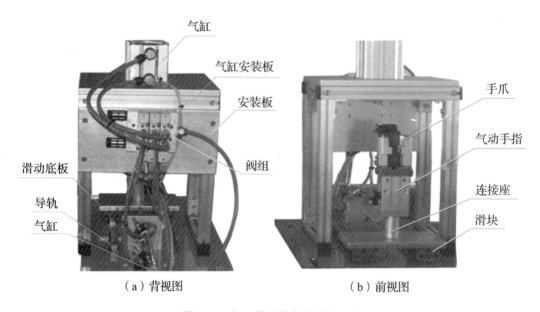

（a）背视图　　　　　（b）前视图

图 2-1　加工单元的主要结构组成

加工单元的基本功能：加工单元是处理工件的单元之一，用于对输送站送来的工件进行模拟冲孔或冲压等处理。具体如下：

（1）把该单元物料台上的工件（工件由输送单元的机械手供料）送到冲压机构下面，完成一次冲压加工动作，然后送回物料台，待输送单元的机械手取出。

（2）把该单元物料台上的工件（工件由输送单元的机械手从装配站送来）送到冲压机构下面，完成把小工件压入大工件的工作过程，然后送回物料台，待输送单元的机械手取出。

加工单元的工作过程：输送单元的机械手把工件运送到加工站物料台上，物料检测传感器检测到工件后，按照"机械手夹紧工件→物料台回到加工区域冲压气缸下方→冲压气缸向下伸出以冲压工件→完成冲压动作后向上缩回→物料台重新伸出→到位后机械手松开"的顺序完成工件加工，最后，向系统发出加工完成信号，输送单元机械手伸出并抓取该工件，将其送往下一站。

以小组为单位，根据给定的任务，结合所学知识搜集资料，和组员讨论后完成表 2-1。

表 2-1　加工单元工作页

项目	内容
光电传感器	光电传感器的作用和电路符号是什么？该处的光电传感器属于哪种类型（反射型、对射型）？你是如何判别的？
磁性开关	加工单元一共用到几处磁性开关？电路符号是什么？请阐述其作用。
伸缩气缸	伸缩气缸的作用是什么？气动符号是什么？
气爪	常见的气爪有哪几种工作方式？本单元用的是哪种？气动符号是什么？请阐述其工作原理。
薄型气缸	薄型气缸的特点是什么？气动符号是什么？试分析冲压机构为什么选用该种类型的气缸。
直线导轨	直线导轨的作用：
西门子 S7-200 smart	（1）查找输入端、输出端、公共端、电源端、接地端、通信口。 （2）PLC 型号：_____，含义：_____，输入点：_____个，输出点：_____个。
本次任务得分	

任务1　加工单元的机械安装

任务描述： 亚龙 YL-1633B 加工单元的机械安装。

任务目标： 1. 掌握加工单元的机械安装流程。

　　　　　　　2. 熟悉安装过程的注意事项。

任务实施：

（1）观看相关视频、PPT，仔细阅读"表2-2 加工单元机械安装步骤"和"表2-3 加工单元安装参考流程"。

表 2-2　加工单元机械安装步骤

第1步	第2步	第3步	第4步
导轨	气爪	伸缩气缸	加工台

第5步	第6步	第7步
支撑架	冲压机构	端子排

表 2-3　加工单元安装参考流程

1. 导轨的安装

将直线导轨副安装在安装板上。

注意事项：

● 轻拿轻放，避免磕碰，否则会影响导轨副的直线精度；

● 不要将滑块拆离导轨或超过行程又推回去，避免滚珠脱落；

● 安装导轨副时先不要拧紧螺钉，以便调整导轨的平行度

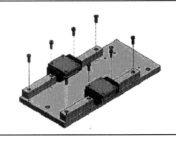

续表

2. 安装气爪及支撑部分

安装顺序：

- 安装气爪；
- 安装节流阀；
- 连接气缸与连接件；
- 安装光电传感器支撑架；
- 将整体气动部分与支撑板连接

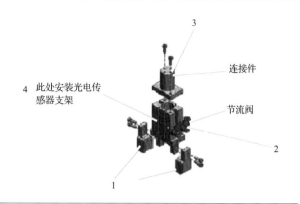

3. 伸缩气缸及支撑台安装

安装顺序：

- 将节流阀安装在气缸上；
- 将气缸安装在矩形支撑板；
- 将肋板安装在支撑板上；
- 将整体与气爪气缸安装板连接起来。

注意事项：

- A 处的紧固螺钉先不要拧紧，便于在导轨安装板上安装肋板

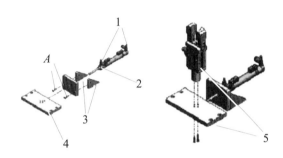

4. 将两气缸的组合件安装在底板上

安装顺序：

- 将两气缸的组合件安装在安装板上；
- 将组合件安装在底板上。

注意事项：

- 安装时要注意调整两直线导轨的平行度，要一边移动安装在两导轨上的安装板，一边拧紧固定导轨的螺钉，可使滑块滑动顺畅

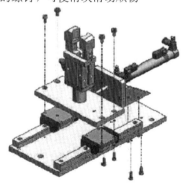 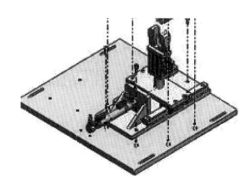

续表

5. 气缸支撑架的安装

安装顺序：

- 将螺母、螺栓与 L 形脚架配合起来；
- 用 L 形脚架将 1、2、3 号和 4、5、6 号元件连接起来；
- 将 7、8 号元件与以上组合件连接起来。

注意事项：

- 连接 1、2、3 号元件时，3 要比 1、2 高；连接 4、5、6 号元件时，6 要比 5、6 高；
- 3、6 号元件内要预留两个螺母

L 形脚架

6. 加工机构的安装

安装顺序：

- 将冲压头安装在冲压气缸上；
- 将节流阀安装在气缸上；
- 将加工机构安装板安装在支架上；
- 将气缸安装在支撑板上；
- 将电磁阀组安装在电磁阀组安装板上；
- 将电磁阀组安装板安装在型材支架上（先将电磁阀组安装板与螺母、螺栓配合好，再将电磁阀组安装板安装在支架上）。

注意事项：

- 注意下图 5 号注释所指的电磁阀组的安装方向；
- 如果加工组件部分的冲压头与加工台上的工件的中心没有对正，可以调整推料气缸旋入两导轨连接板的深度

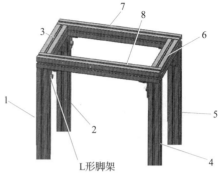

冲压气缸

冲压头

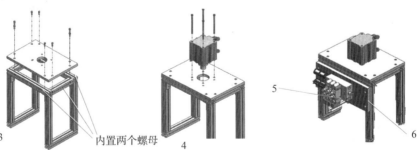

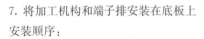

内置两个螺母

7. 将加工机构和端子排安装在底板上

安装顺序：

- 将加工机构安装在底板上；
- 安装接线端子，接线端子是 3 层的，分为输入、输出两部分。

注意事项：

- A 处为长螺钉，B 处 L 形脚架短边在下；
- 如果加工组件部分的冲压头和加工台上的工件的中心没有对正，可以调整推料气缸旋入两导轨连接板的深度

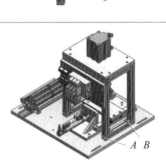

A B

（2）教师或学生组装一次加工单元，学生进行过程记录。

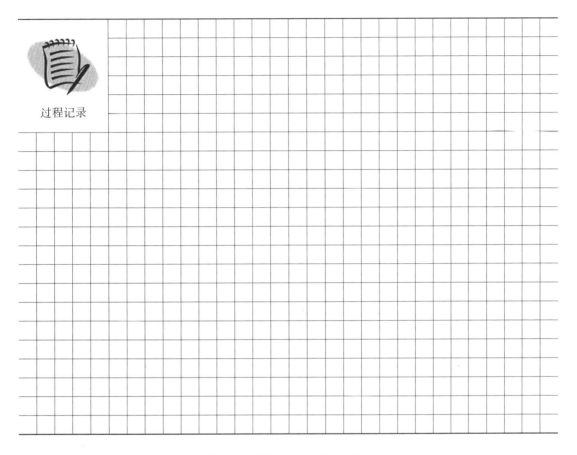

过程记录

（3）每组动手安装一次加工单元。教师检查后完成下表。

评价表

	序号	能力点	掌握情况	本次任务得分
	1	支架安装正确	□是　□否	
	2	冲压机构安装正确	□是　□否	
评价	3	加工台安装正确	□是　□否	

任务 2　加工单元的气路连接

任务描述： 亚龙 YL-1633B 加工单元的气路连接。

任务目标： 1. 掌握加工单元的气动回路设计。

2. 熟悉加工单元的气路连接。

3. 注意每个气缸的初始状态。

加工单元的
气路连接

任务实施：

（1）请绘制自动加工装置的气动控制回路。

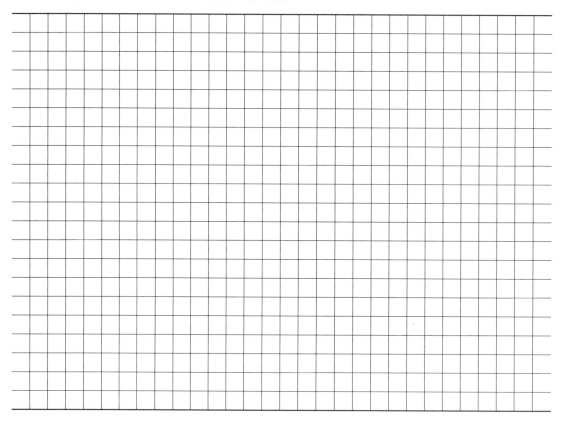

（2）连接气路并进行调试。调试时应注意以下几点：

1）冲压气缸对气体的压力和流量要求比较高，故冲压气缸的配套气管粗。

2）气缸的初始状态可采用手动控制。气路接通后，通过调换进气管和出气管位置来调节其初始状态。冲压气缸的初始状态为缩回；伸缩气缸的初始状态为伸出；夹紧气缸的初始状态为松开。

3）调解节流阀以控制气缸的伸出和缩回速度。

4）教师检查各项操作后完成下表。

评价表

	序号	能力点	掌握情况	本次任务得分
评价	1	气缸安装位置正确	□是　□否	
	2	气路接线正确	□是　□否	
	3	气路调试流畅	□是　□否	

任务 3　加工单元的电气接线

加工单元的
电气接线

任务描述： 亚龙 YL-1633B 加工单元的电气接线。

任务目标： 1. 掌握加工单元的传感器接线。

2. 熟悉加工单元布线的规范。

任务实施：

（1）仔细分析已经完成布线的加工单元的接线情况，并绘制电气接线图。

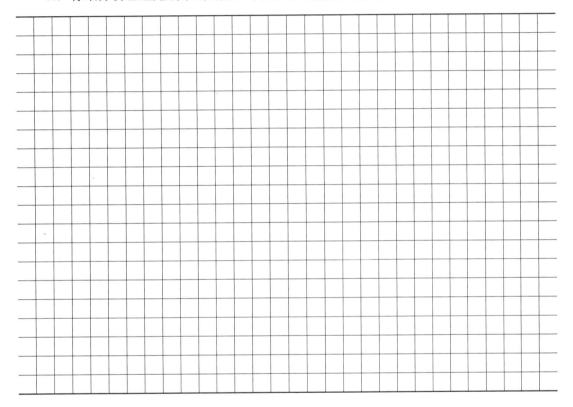

（2）根据绘制的电气接线图，每组动手布线一次。

接线时应注意，装置侧端口中输入信号端子的上层（＋24V）只能作为传感器的正电源端，切勿用于电磁阀等执行元件的负载。电磁阀等执行元件的正电源端和 0V 端应连接到输出信号端子下层的对应端子上。装置侧接线完成后，用扎带绑扎，确保整齐、美观。

PLC 侧的接线包括：电源侧的接线，PLC 的 I/O 点和 PLC 侧接线端口之间的连线，PLC 的 I/O 点与按钮指示灯模块的端子之间的连线。

电气接线的工艺应符合国家职业标准规定。例如，导线连到端子时，采用紧端子压接方法；连接线应有符合规定的标号；每一端子连接导线不超过 2 根等。

（3）根据绘制的电气接线图，在表 2-4 中列出加工单元装置侧的接线端口信号端子的分配情况。

表 2-4　加工单元装置侧的接线端口信号端子的分配情况

项目	内容
输入分配表	
输出分配表	

（4）教师检查各项操作后完成下表。

评价表

	序号	能力点	掌握情况	本次任务得分
评价	1	传感器接线正确	□是　□否	
	2	公共端接线正确	□是　□否	
	3	电磁阀接线正确	□是　□否	

任务 4　加工单元的编程调试

任务描述：加工单元的程序主要是主程序和加工控制子程序。

任务目标：1. 掌握加工单元 PLC 编程技能。

2. 熟悉复杂 PLC 控制系统的编程思路。

任务实施：

（1）分析加工单元工作任务，分解工作过程。

1）加工单元各气缸的初始位置：冲压气缸的初始状态为缩回；伸缩气缸的初始状态为伸出；夹紧气缸的初始状态为松开。

设备上电且气源接通后，若各气缸满足初始位置要求。则"正常工作"指示灯 HL1 常亮，表示设备已经准备好。否则，该指示灯以 1Hz 频率闪烁。

2）设备准备好之后，按下启动按钮，加工单元启动，"设备运行"指示灯 HL2 常亮。

3）如果在物料台上放入一个工件，物料检测传感器检测到工件后，气爪将其夹紧，把工件送入冲压头下方进行加工。

4）完成加工任务后，冲压头返回初始位置，伸缩气缸伸出，把工件送出，气爪张开，等待输送站的机械手将加工好的工件取走。

5）若在运行过程中按下急停按钮，加工动作会立刻停止。急停复位后，可继续工作。

（2）请正确绘制装置控制流程图，并编写 PLC 程序。（可附页）

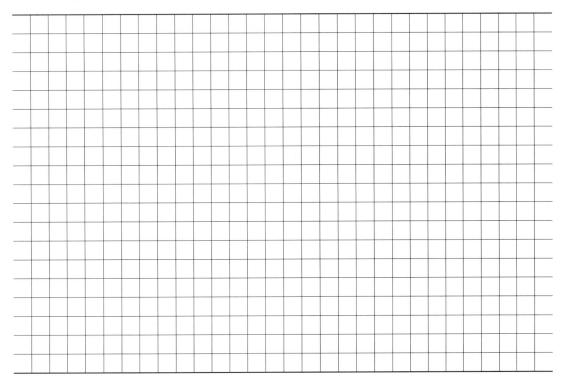

完成以上任务后，以小组为单位与教师交流！

（3）完成程序编制后，在实训台上完成材料自动供料装置机械零部件的装配与调整，以及电气及气动控制回路的安装、安全测试与功能手动调试。然后打开 S7-200 smart PLC 编程软件 STEP7 SMART V2.0，完成 PLC 程序输入、下载、监控，最终完成材料自动供料装置的功能调试。

（4）利用编程软件的编译与纠错功能检查程序，确保程序的正确性。可按下列步骤完成系统调试。（在完成的步骤后打"√"）

☐ PLC 输入设备和输入口的接线是否正确。

☐ PLC 输入设备 COM 端和输入端口 COM 端接线是否正确。

☐ PLC 输出设备和输出端口的接线是否正确。

☐ PLC 输出端口 COM 端是否与 24V 直流电源正确连接。

☐ 请老师检查接线是否正确，然后完成安全测试，记录测试结果。

☐ 打开编程软件，输入符号表与 PLC 梯形图程序并编译，必要时调试逻辑错误。

☐ 连接通信电缆，打开 PLC 电源，将程序下载到 PLC 中。

□ 将 PLC 状态设置为"RUN"，开启监控，进行装置功能调试。

□ 设备上电且气源接通后，若按钮/指示灯模块上的工作方式选择开关 SA 置于断开位置，则冲压气缸的初始状态为缩回；伸缩气缸的初始状态为伸出；夹紧气缸的初始状态为松开。

□ 设备上电且气源接通后，若各气缸满足初始位置要求。则"正常工作"指示灯 HL1 常亮，表示设备已经准备好。否则，该指示灯以 1Hz 频率闪烁。

□ 若设备准备好，按下启动按钮，工作单元启动，指示灯 HL2 常亮。

□ 启动后，若在物料台上放入一个工件，物料检测传感器检测到工件后，使用气爪将其夹紧。

□ 气爪夹紧工件 1s 后，滑台气缸将工件送入冲压头下方。

□ 工件到达冲压头下方后，冲压气缸开始工作，完成一次冲压。

□ 冲压完成 1s 后，滑台气缸伸出。

□ 滑台气缸伸出到位后，气爪松开。

□ 气爪上的工件被人工取出后，若没有停止信号，再次放入工件后则进行下一个循环操作。

□ 若在运行中按下停止按钮，则在完成本工作周期任务后，工作单元停止工作，指示灯 HL2 熄灭。

（5）请将正确的加工单元 PLC 控制程序记录下来。

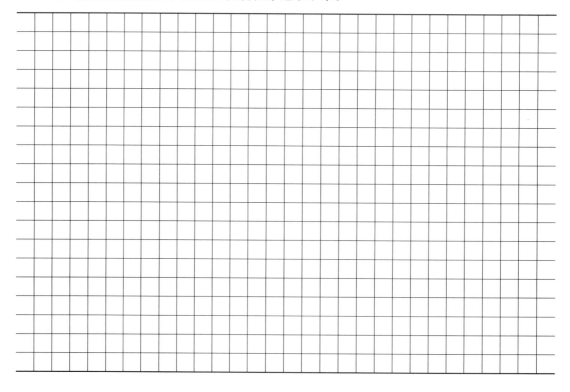

（6）教师检查各项操作后完成下表。

评价表

 评价	序号	能力点	掌握情况	本次任务得分
	1	加工单元控制正确	□是　□否	
	2	加工单元控制流畅	□是　□否	
	3	完全掌握加工单元控制	□是　□否	

调试与运行

（1）调整气动部分，检查气路是否正确，气压是否合适，气缸的动作速度是否合适。

（2）检查磁性开关的安装位置是否到位，磁性开关工作是否正常。

（3）检查 I/O 接线是否正确。

（4）检查光电接近开关安装是否合理，灵敏度是否合适，保证检测的可靠性。

（5）放入工件，运行程序，观察加工单元动作是否满足任务要求。

（6）调试各种可能出现的情况，比如在任何情况下都有可能加入工件，要确保系统随时能够可靠工作。

（7）优化程序。

问题与思考

（1）简述气动连线检查的方法、传感器接线检查的方法、I/O 检测及故障排除的方法。

（2）加工过程中出现意外情况应如何处理？

（3）如果想采用网络控制，应如何实现？

（4）思考加工单元可能会出现的各种问题。

即测即评三

项 目 3

装配单元的安装与调试

 知识目标

- 掌握装配单元的组成与工作过程。
- 掌握装配机械手的结构与运行过程。
- 掌握落料机构的结构与工作过程。
- 掌握回转物料台的结构与工作过程。
- 掌握回转气缸的结构与工作原理。
- 掌握导向气缸的结构与工作原理。
- 掌握装配单元机械部分的安装与接线方法。
- 掌握装配单元气动系统的连接与调试方法。
- 掌握装配单元 PLC 控制系统的设计方法。
- 掌握装配单元电气控制线路的接线方法。

 能力目标

- 能够准确叙述装配单元的功能及组成。
- 能够绘制出装配单元的电气原理图。
- 能够绘制出装配单元的气动原理图。
- 能够完成装配单元机械、气动系统的安装及调试。
- 能够完成装配单元 PLC 控制系统的设计、安装及调试。
- 能够正确调整传感器的安装位置及工作模式开关。
- 能够正确调整回转气缸的回转角度。

素质目标

● 遵循国家标准，操作规范。

● 工作细致，态度认真。

● 团结协作，有创新精神。

项目描述

装配单元的主要组成结构：管形料仓、光电传感器、气缸、气动手指等，如图 3-1 所示。

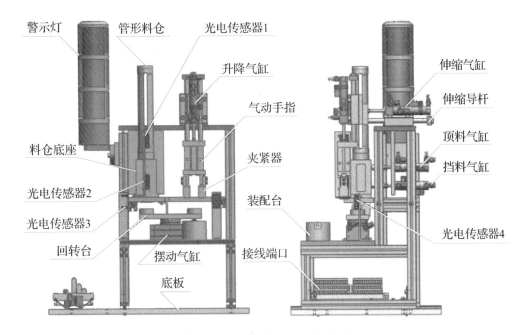

图 3-1 装配单元的主要组成结构

装配单元的作用是对输送站送来的工件进行装配及小工件供料。具体如下：

（1）对在加工单元加工好的大工件进行装配（通过机械手将小工件装配到大工件内），然后由输送单元的搬运机械手送至分解单元。

（2）对从供料单元送来的大工件进行装配（通过机械手将小工件装配到大工件内），然后由输送单元的搬运机械手送至加工单元进行冲压加工。

装配单元的工作过程如下：当输送单元的机械手将工件运送到装配站物料台后，顶料气缸伸出，顶住供料单元倒数第二个工件；挡料气缸缩回，使料槽中最底层的小圆柱工件落到旋转供料台上，然后旋转供料单元顺时针旋转 180°（右旋），到位后，装配机械手按照"下降气爪→抓取小圆柱→气爪提升→手臂伸出→气爪下降→气爪松开"的顺序，把小圆柱工件装入大工件中。机械手装配单元复位的同时，旋转送料单元逆时针旋转 180°（左旋）

回到原位，输送单元机械手伸出并抓取该工件，将其送往物料分拣站。

以小组为单位，根据给定的任务，结合所学知识搜集资料，和组员讨论后完成表 3-1。

表 3-1　装配单元工作页

光电传感器	光电传感器 1 的作用： 光电传感器 2 的作用： 光电传感器 3 的作用： 光电传感器 4 的作用：
磁性开关	装配单元一共用到几处磁性开关，阐述其作用：
气缸	顶料气缸的作用： 挡料气缸的作用： 摆动气缸的作用： 伸缩气缸的作用： 升降气缸的作用： 气动手指的作用：
气动摆台	画出气动回路图，并分析：

续表

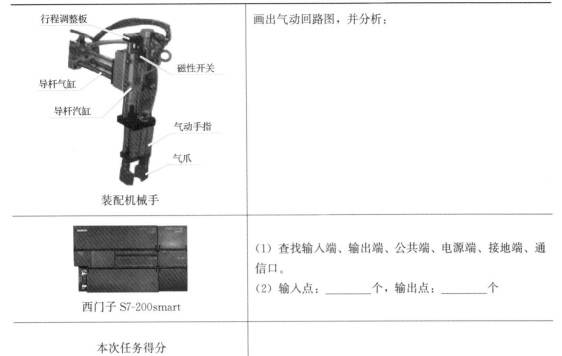 行程调整板 磁性开关 导杆气缸 导杆汽缸 气动手指 气爪 装配机械手	画出气动回路图，并分析：
西门子 S7-200smart	（1）查找输入端、输出端、公共端、电源端、接地端、通信口。 （2）输入点：_____个，输出点：_____个
本次任务得分	

任务 1　装配单元的机械安装

任务描述：亚龙 YL-1633B 装配单元的机械安装。

任务目标：1. 掌握装配单元的机械安装流程。

　　　　　2. 熟悉安装过程的注意事项。

任务实施：

（1）观看相关视频、PPT，仔细阅读"表 3-2　装配单元机械安装步骤"和"表 3-3 装配单元安装参考流程"。

表 3-2　装配单元机械安装步骤

第 1 步	第 2 步	第 3 步	第 4 步	第 5 步
型材支架 的安装	小工件供料 组件的装配	装配物料台 组件的安装	小工件料仓 安装板的安装	机械手的安装

续表

第6步	第7步	第8步	第9步	第10步
将支架安装到底板上	将物料台组件安装到支架上	将料仓组件安装到支架上	安装小工件供料机构和机械手安装板	安装机械手

表 3 - 3 装配单元安装参考流程

1. 型材支架的安装

安装顺序：

- 用中长螺钉连接立面长支架和横担支架；
- 用中长螺钉连接立面短支架和横担支架；
- 用螺栓螺母配合连接物料仓板支架与两立面支架。

注意事项：

- 两立面支架的方向为大孔面朝外；
- 两螺钉长度为中型

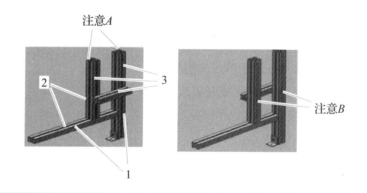

2. 小工件供料组件的装配

安装顺序：

- 将顶料气缸两节流阀安装到气缸上；
- 将顶料气缸安装到支撑板上；
- 安装挡料气缸；
- 安装挡料气缸节流阀；
- 安装两气缸推料块。

注意事项：

两气缸安装时的节流阀口位置以不妨碍另一气缸节流阀的安装为原则

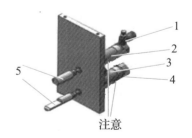

续表

3. 装配物料台组件的安装

安装顺序：

- 安装回转气缸和回转气缸节流阀；
- 安装物料台；
- 安装摆台；
- 安装传感器支架。

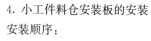

注意事项：

- 传感器支架的安装方向以传感器与物料盘中小物料对正为原则；
- 安装回转气缸前，通过调节螺杆来调节摆台回转的角度，使摆台能回转 180°；
- 安装回转气缸时注意物料台支撑板的正反

4. 小工件料仓安装板的安装

安装顺序：

- 安装挡块；
- 安装传感器支架；
- 安装小物料仓，注意料仓的安装方向。

注意事项：

- 挡块的位置和方向；
- 料仓板的正反

5. 机械手的安装

安装顺序：

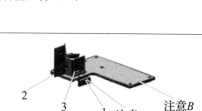

- 安装机械手；
- 提升气缸与导杆连接件安装板配合；
- 提升气缸导杆与导杆连接件安装板配合；
- 气动手指与导杆连接件安装板配合；
- 提升气缸与安装支架配合；
- 伸缩气缸与导杆连接件安装板配合；
- 伸缩气缸导杆与导杆连接件安装板配合；
- 伸缩气缸与安装支架配合；
- 伸缩气缸连接件安装板与气缸连接板配合；
- 连接伸缩气缸与提升气缸。

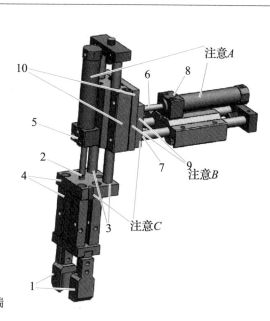

注意事项：

- 两气缸的长短（伸缩气缸较长）；
- 伸缩气缸连接件安装板与气缸连接板配合时下端
  要对齐；
- 两连接件的区别（提升气缸连接件有一开口供安装气动手指磁性开关用，而伸缩气缸连接件没有开口）

续表

6. 将支架安装到底板上

安装顺序：

- 底端型材与"L"脚架配合安装到底板上；
- 将短立面型材与底端型材"L"脚架配合，将上一步安装的支架安装到底板上；
- 将警示灯安装板与螺栓螺母配合后安装到支架上；
- 将电磁阀组安装板与螺栓螺母配合后安装到支架上。

注意事项：

- 安装支架时注意 A 处两个小物料仓安装板支架型材要在内侧；
- B 处型材内可预先内置螺母；
- 注意 C 处短立面型材上端有螺孔

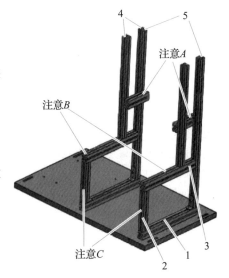

7. 将物料台组件安装到支架上

安装顺序：

- 用螺钉旋具将内置螺母送进与螺栓配合；
- 用螺钉旋具将内置螺母送进与螺栓配合；
- 长螺栓与里面短型材螺孔配合。

注意事项：

- 螺栓为长螺栓

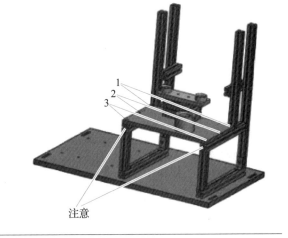

8. 将料仓组件安装到支架上

安装顺序：

- 螺栓与内置螺母配合以固定安装料仓组件。

注意事项：

- 螺母可以用螺钉旋具逐一送进

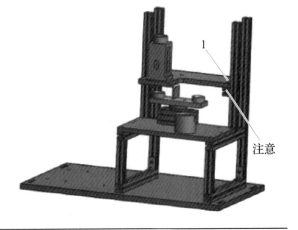

续表

9. 安装小工件供料机构和机械手安装板

安装顺序：

- 固定小工件供料机构；
- 对角紧固机械手安装板。

注意事项：

- 安装小工件供料机构时，要保证两气缸与料仓对正

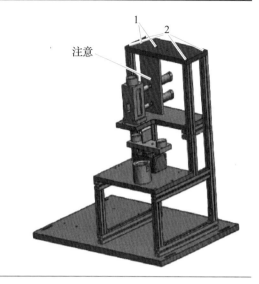

10. 安装机械手

安装顺序：

- 按对角紧固 4 个螺钉。

注意事项：

- 调整伸缩气缸伸出行程调整板，使得气爪与物料台对正；
- 调整伸缩气缸缩回行程调整板，使得气爪与物料台对正

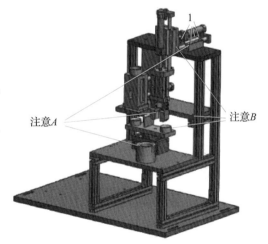

11. 机械安装完毕

续表

12. 将加工机构和端子排安装在底板上

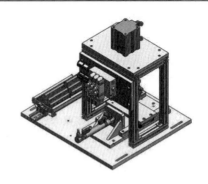

（2）教师或学生组装一次装配单元，学生进行过程记录。

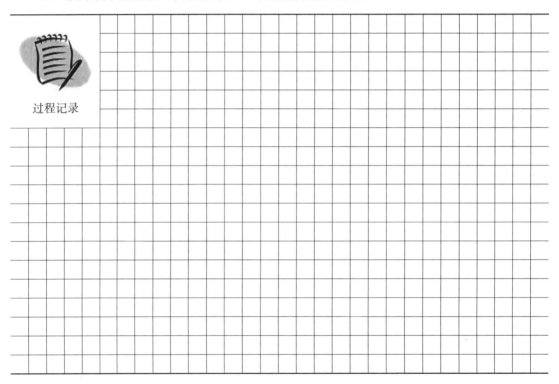

过程记录

（3）每组动手安装一次供料单元。教师检查后完成下表。

评价表

	序号	能力点	掌握情况	本次任务得分
评价	1	支架安装正确	□是　□否	
	2	气缸安装正确	□是　□否	
	3	机械手安装正确	□是□否	

任务 2　装配单元的气路连接

装配单元的
气路连接

任务描述：亚龙 YL-1633B 装配单元的气路连接。

任务目标：1. 掌握装配单元的气动回路设计。

2. 熟悉装配单元的气路连接。

3. 注意每个气缸的初始状态。

任务实施：

（1）请绘制自动装配装置的气动控制回路。

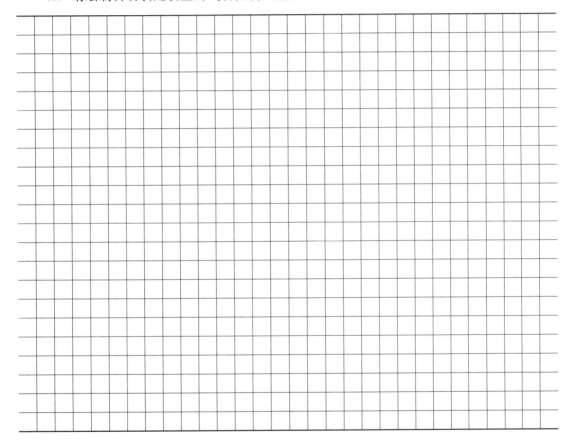

（2）连接气路并进行调试。

1）连接步骤：从汇流排开始，按气动控制回路图连接电磁阀、气缸。连接时注意气管走向，按序排布，确保均匀美观，不能交叉、打折；气管要在快速接头中插紧，不能出现漏气现象。

2）气路调试：①用电磁阀上的手动换向加锁钮验证气爪气缸、伸出气缸、旋转气缸等的初始位置和动作位置是否正确。②调整气缸节流阀以控制气缸的运动速度。

（3）教师检查各项操作后完成下表。

评价表

	序号	能力点	掌握情况	本次任务得分
	1	气缸安装位置正确	□是 □否	
	2	气路接线正确	□是 □否	
评价	3	气路调试流畅	□是 □否	

任务 3　装配单元的电气接线

任务描述： 亚龙 YL-1633B 装配单元的电气接线。

任务目标： 1. 掌握装配单元的传感器接线。

2. 熟悉装配单元的布线规范。

装配单元的
电气接线

任务实施：

（1）仔细分析已经完成布线的装配单元的接线情况，并绘制电气接线图。

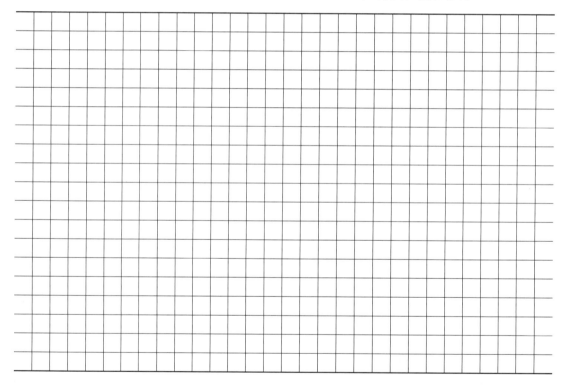

（2）根据绘制的电气接线图，每组动手布线一次。

接线时应注意，装置侧端口中输入信号端子的上层（＋24V）只能作为传感器的正电源端，切勿用于电磁阀等执行元件的负载。电磁阀等执行元件的正电源端和 0V 端应连接到输出信号端子下层的对应端子上。装置侧接线完成后，用扎带绑扎，确保整齐、美观。

PLC 侧的接线包括：电源侧的接线，PLC 的 I/O 点和 PLC 侧接线端口之间的连线，

PLC 的 I/O 点与按钮指示灯模块的端子之间的连线。

电气接线的工艺应符合国家职业标准规定。例如，导线连到端子时，采用紧端子压接方法；连接线须有符合规定的标号；每一端子的连接线不超过 2 根等。

（3）根据绘制的电气接线图，在表 3-4 中列出装配单元装置侧的接线端口信号端子的分配情况。

表 3-4　装配单元装置侧的接线端口信号端子的分配情况

项目	内容
 输入分配表	
 输出分配表	

（4）教师检查各项操作后完成下表。

评价表

评价	序号	能力点	掌握情况	本次任务得分
	1	传感器接线正确	□是　□否	
	2	公共端接线正确	□是　□否	
	3	电磁阀接线正确	□是　□否	

任务 4　装配单元的编程调试

任务描述：编程并调试装配单元主程序和装配控制子程序。

任务目标：1. 掌握装配单元 PLC 的编程技能。

2. 熟悉复杂 PLC 控制系统的编程思路。

任务实施：

（1）分析装配单元工作任务，分解工作过程。

1）装配单元各气缸的初始位置：挡料气缸处于伸出状态，顶料气缸处于缩回状态，料仓上已经有足够数量的小圆柱零件；装配机械手的升降气缸处于提升状态，伸缩气缸处于缩回状态，气爪处于松开状态。

设备上电且接通气源后，若各气缸满足初始位置要求，且料仓上已经有足够数量的小圆柱零件，工件装配台上没有待装配工件，则"正常工作"指示灯 HL1 常亮，表示设备已经准备好。否则，该指示灯以 1Hz 频率闪烁。

2）若设备已经准备好，按下启动按钮，装配单元启动，"设备运行"指示灯 HL2 常亮。如果回转台上的左料盘内没有零件，就执行下料操作；如果左料盘内有零件，而右料盘内没有零件，就执行回转台回转操作。

3）如果回转台上的右料盘内有零件且装配台上有待装配工件，就执行装配机械手抓取小圆柱零件并放入待装配工件中的操作。

4）完成装配任务后，装配机械手返回初始位置，等待下一次装配。

5）若在运行过程中按下停止按钮，则供料机构应立即停止供料；在装配条件满足的情况下，装配单元在完成本次装配后停止工作。

6）运行中发生"零件不足"报警时，指示灯 HL3 以 1Hz 频率闪烁，指示灯 HL1 和 HL2 常亮；运行中发生"零件没有"报警时，指示灯 HL3 以亮 1s、灭 0.5s 的方式闪烁，HL2 熄灭，HL1 常亮。

（2）请绘制装置控制流程图，并编写 PLC 程序。（可附页）

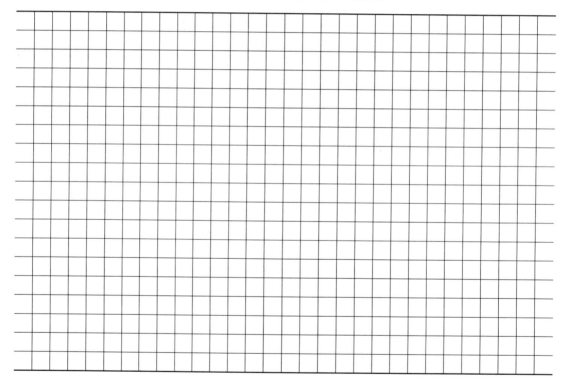

完成以上任务后，请以小组为单位与教师交流！

（3）完成程序编制后，在实训台上完成材料自动供料装置机械零部件的装配，完成电气及气动控制回路的安装、安全测试与功能手动调试。然后打开 S7-200 smart PLC 编程软件 STEP7 SMART V2.0，完成 PLC 程序输入、下载、监控，最终完成材料自动供料装置的功能调试。

（4）利用编程软件的编译与纠错功能检查程序，确保程序的正确性。可按下列步骤完成系统调试。（在完成的步骤后打"√"）

☐ PLC 输入设备和输入口的接线是否正确。

☐ PLC 输入设备 COM 端和输入端口 COM 端接线是否正确。

☐ PLC 输出设备和输出端口的接线是否正确。

☐ PLC 输出端口 COM 端是否与 24V 直流电源正确连接。

☐ 请老师检查接线是否正确，然后完成安全测试，记录测试结果。

☐ 打开编程软件，输入符号表与 PLC 梯形图程序并编译，必要时调试逻辑错误。

☐ 连接通信电缆，打开 PLC 电源，将程序下载到 PLC 中。

☐ 将 PLC 状态设置为"RUN"，开启监控，进行装置功能调试。

☐ 设备上电且气源接通后，若按钮/指示灯模块上的工作方式选择开关 SA 置于断开位置，则挡料气缸处于伸出状态，顶料气缸处于缩回状态，装配机械手的升降气缸处于提升状态，伸缩气缸处于缩回状态，气爪处于松开状态。

☐ 设备上电且气源接通后，若各气缸满足初始位置要求，且料仓上已经有足够数量的小圆柱零件，则"正常工作"指示灯 HL1 常亮，表示设备已经准备好。否则，该指示灯以 1Hz 频率闪烁。

☐ 若设备准备好，按下启动按钮，工作单元启动，指示灯 HL2 常亮。

☐ 启动后，如果料盘内没有工件，则伸缩气缸伸出，伸出到位后，升降气缸下降，下降达到极限位置后，机械手得电，夹紧工件。

☐ 夹紧工件后，升降气缸上升，上升达到极限位置后，伸缩气缸失电缩回，缩回到位后，升降气缸下降，达到极限位置后，机械手放松，将工件放入摆动气缸右料盘，升降气缸上升。

☐ 右料盘检测到工件后，摆动气缸旋转 180°，准备进行装配。

☐ 左料盘检测到工件后，顶料气缸伸出，顶住料仓上方工件，伸出到位后，挡料气缸缩回，完成装配，摆动气缸旋转 180°。

☐ 挡料气缸缩回 1s 后，再次伸出，伸出到位后，顶料气缸缩回。

☐ 右料盘检测到已装配的工件后，升降气缸下降，机械手夹紧工件。

☐ 夹紧工件后，升降气缸上升，伸缩气缸伸出。

☐ 伸出到位后，升降气缸下降，机械手放松，将工件放入物料台，装配机械手返回初始位置，等待下一次装配。

☐ 若在运行中按下停止按钮，则供料机构立即停止供料，在装配条件满足的情况下，装配单元在完成本次装配后停止工作。

☐ 运行中发生"零件不足"报警时，指示灯 HL3 以 1Hz 频率闪烁，指示灯 HL1 和 HL2 灯常亮。

□ 运行中发生"零件没有"报警时，指示灯 HL3 以亮 1s、灭 0.5s 的方式闪烁，HL2 熄灭，HL1 常亮。

（5）请将正确的装配单元 PLC 控制程序记录下来。

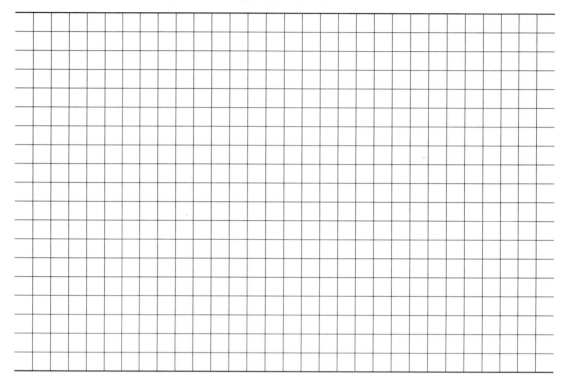

（6）教师检查各项操作后完成下表。

评价表

	序号	能力点	掌握情况	本次任务得分
	1	装配单元控制正确	□是　□否	
评价	2	装配单元控制流畅	□是　□否	
	3	完全掌握装配单元控制	□是　□否	

调试与运行

（1）调整气动部分，检查气路是否正确，气压是否合适，气缸的动作速度是否合适。

（2）检查磁性开关的安装位置是否到位，磁性开关工作是否正常。

（3）检查 I/O 接线是否正确。

（4）检查光电接近开关安装是否合理，灵敏度是否合适，保证检测的可靠性。

（5）放入工件，运行程序，观察装配单元动作是否满足任务要求。

（6）调试各种可能出现的情况，比如在任何情况下都有可能加入工件，要确保系统随时能够可靠工作。

（7）优化程序。

问题与思考

（1）简述气动连线检查的方法、传感器接线检查的方法、I/O 检测及故障排除的方法。

（2）装配过程中出现意外情况应如何处理？

（3）在供料过程中，如果零件落不到左、右料盘应如何处理？

（4）思考装配单元可能会出现的各种问题。

即测即评四

项目 4

分拣单元的安装与调试

知识目标

- 掌握分拣单元的组成。
- 掌握旋转编码器的工作原理、接线及选型。
- 掌握 G120、TPC7062KS 的工作原理及应用。
- 掌握分拣单元机械部分的安装与接线方法。
- 掌握分拣单元电气控制电路的接线方法。
- 掌握分拣单元触摸屏界面的设计方法。
- 掌握分拣单元 PLC 控制系统的设计方法。

能力目标

- 能够准确叙述分拣单元的功能及组成。
- 能够绘制出分拣单元的电气原理图。
- 能够绘制出分拣单元的气动原理图。
- 能够完成分拣单元机械、气动系统的安装及调试。
- 能够完成分拣单元 PLC 控制系统的设计、安装及调试。
- 能够正确调整传感器的安装位置及工作模式开关。

素质目标

- 遵循国家标准，操作规范。
- 工作细致，态度认真。
- 团结协作，有创新精神。

 项目描述

分拣单元主要由传送带、减速电动机、传感器、编码器、推料气缸等组成，如图4-1所示。

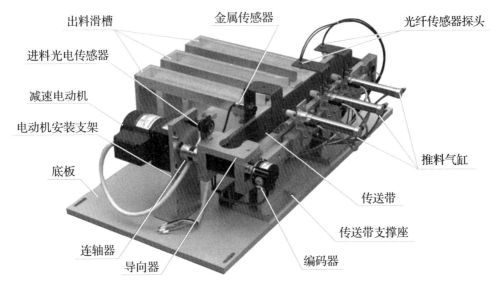

图 4-1 分拣单元的主要结构组成

分拣单元的基本功能：将装配单元送来的已加工、装配的工件进行分拣，使不同颜色、不同材质的工件从不同的料槽分流，以便分别组合。

分拣单元的工作过程：当输送单元送来的工件被放到传送带上并被入料口光电传感器检测到时，变频器启动，工件被送入分拣区。当工件被推出滑槽后，该工作单元的一个工作周期结束。

根据控制要求，变频器可设置不同的输出频率，因此，分拣规律也会呈现多种变化。例如，本项目要按如下规律分拣：电动机以30Hz频率运行；如果工件为白色芯金属件，则该工件对到达1号滑槽中间时，传送带停止，工件对被推到1号槽中；如果工件为白色芯塑料，则该工件对到达2号滑槽中间时，传送带停止，工件对被推到2号槽中；如果工件为黑色芯，则该工件对到达3号滑槽中间时，传送带停止，工件对被推到3号槽中。

以小组为单位，根据给定的任务，结合所学知识搜集资料，和组员讨论后完成表4-1。

表 4-1 分拣单元工作页

项目	内容
光电传感器	光电传感器的作用：

自动化生产线安装与调试

续表

电源以及输出线 放大器 光纤 **光纤传感器**	光纤传感器1的作用： 光纤传感器2的作用：
磁性开关	分拣单元一共用到几处磁性开关，阐述其作用：
电感式接近开关	电感式接近开关的作用和符号是什么？检测金属大料和小料应该分别安装在什么位置？
编码器	分拣单元编码器的作用、分辨率及含义是什么？绘制编码器与PLC的接线图。
西门子 S7-200smart	（1）查找输入端、输出端、公共端、电源端、接地端、通信口、模拟量输入端、模拟量输出端、高速脉冲端。 （2）数字量输入点：_____个，数字量输出点：_____个。 （3）模拟量输入点：_____个，模拟量输出点：_____个。 （4）485通信口：_____个。 （5）高速脉冲计数：_____端口，高速脉冲输出：_____端口。
本次任务得分	

任务 1 分拣单元的机械安装

任务描述： 亚龙 YL-1633B 分拣单元的机械安装。

任务目标： 1. 掌握分拣单元的机械安装流程。

2. 熟悉安装过程的注意事项。

任务实施：

（1）观看相关视频、PPT，仔细阅读"表 4 - 2 分拣单元机械安装步骤"和"表 4 - 3 分拣单元安装参考流程"。

表 4 - 2 分拣单元机械安装步骤

第 1 步	第 2 步	第 3 步
传送带	输送部分支撑组件	电动机
第 4 步	第 5 步	第 6 步
料槽	气缸及传感器支架	编码器及其他传感器

表 4 - 3 分拣单元安装参考流程

1. 传送带的安装

安装顺序：

- 将铝板 A、C 及不锈钢中间连接支撑 B 用螺钉固定在一起；
- 套入输送工件的平皮带；
- 套入主动皮带轮组件；
- 安装轴承端板；
- 将从动轴组件套入平皮带内；
- 安装固定端板。

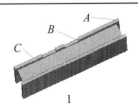

1

续表

注意事项：

- 轴承端板中心有圆孔，且 *A* 处的轴承端板侧面有两个斜孔，上面有用于固定导向件的螺孔；
- 固定板上有用于紧固的孔，注意两个端板的安装位置，不可以装反；
- *B* 处有用于张紧皮带的螺孔，用螺钉将皮带张紧

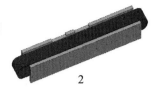

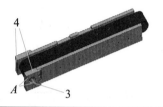

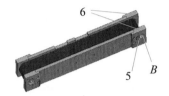

2. 输送部分支撑组件以及导轨和滑块的安装

安装顺序：

- 将输送部分的支撑组件竖板与上横板用螺钉连接；
- 将输送部分的支撑组件上横板与皮带支撑架用螺钉连接；
- 将输送部分的支撑组件下横板与竖板连接；
- 将组件安装在底板上；
- 将导轨安装在皮带支撑架上；
- 将滑块安装在导轨上。

注意事项：

- 安装滑块时固定板不要拧紧，以便调整气缸的位置

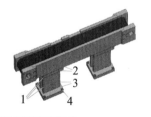

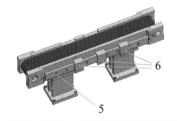

3. 电动机的安装

安装顺序：

- 将电动机支撑板的肋板和竖板连接；
- 将肋板和竖板安装在小底板上；
- 把联轴器安装在主动皮带轮上；
- 安装橡胶缓冲垫；
- 把电动机安装在支撑板上；
- 将联轴器与电动机轴连接；
- 把电动机及支撑板安装在大底板上。

注意事项：

- *A* 处螺钉先不要拧紧，便于后续调节电动机的高度；
- 联轴器要配合好，以保证电动机与皮带轮的同轴度

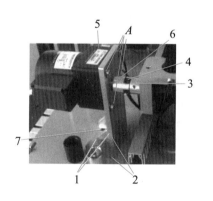

续表

4. 料槽及支撑部分的安装

安装顺序：

- 将料槽固定座安装在皮带支撑架上；
- 将料槽安装在料槽支架上；
- 将料槽固定在料槽固定座上；
- 将料槽支架固定在底板上。

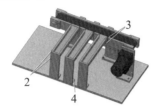
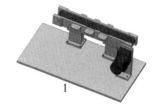

5. 气缸及传感器支架的安装

安装顺序：

- 将节流阀安装在气缸上；
- 将气缸与气缸支架连接在一起；
- 将气缸支架安装在滑块上；
- 将传感器支架安装在气缸支架或皮带支撑板上；
- 将导向件安装在皮带主动轮端板上。

注意事项：

- A 处用两个螺母固定在滑块上，调整好气缸的位置后再将螺母紧固；
- 注意导向件的正反，有凹槽孔的一面朝上

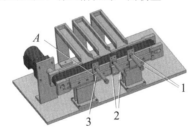
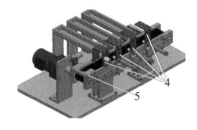

6. 编码器的安装

安装顺序：

- 用螺钉将编码器与连接件连接；
- 用螺钉将编码器与皮带主动轮配合。

注意事项：

- 确保编码器与皮带主动轮的同轴度。编码器属于高精密仪器，安装时不得敲击或碰撞。轴端连接避免采用刚性连接，应采用弹性联轴器、尼龙齿轮或同步带连接。使用转速不要超过标称转速，否则会影响电气信号

续表

7. 机械安装完毕

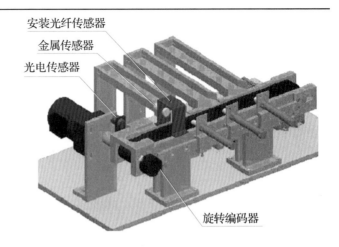

安装光纤传感器
金属传感器
光电传感器
旋转编码器

（2）教师或学生组装一次分拣单元，学生进行过程记录。

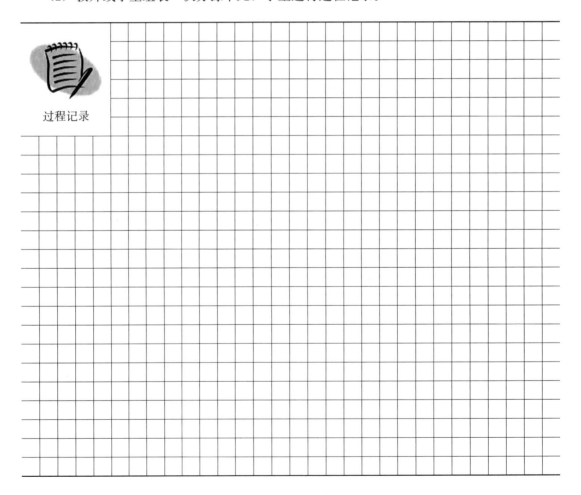

过程记录

（3）每组动手安装一次供料单元。教师检查后完成下表。

评价表

	序号	能力点	掌握情况	本次任务得分
评价	1	支架安装正确	□是　□否	
	2	气缸安装正确	□是　□否	
	3	电动机安装正确	□是　□否	

任务 2　分拣单元的气路连接

任务描述： 亚龙 YL-1633B 分拣单元的气路连接。

任务目标： 1. 掌握分拣单元的气动回路设计。

　　　　　　 2. 熟悉分拣单元的气路连接。

　　　　　　 3. 注意每个气缸的初始状态。

分拣单元的
气路连接

任务实施：

（1）请绘制自动分拣装置的气动控制回路。

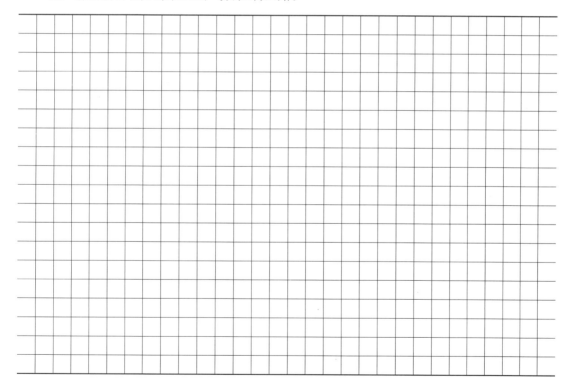

（2）连接气路并进行调试。

1）注意气缸的初始状态，3 个分拣气缸的初始状态均为缩回。

2）调节节流阀以控制气缸的伸出和缩回速度。

（3）教师检查各项操作后完成下表。

评价表

	序号	能力点	掌握情况	本次任务得分
评价	1	气缸安装位置正确	□是　□否	
	2	气路接线正确	□是　□否	
	3	气路调试流畅	□是　□否	

任务3　分拣单元的电气接线

任务描述：亚龙 YL-1633B 分拣单元的电气接线。

任务目标：1. 掌握分拣单元的传感器接线。

　　　　　　2. 熟悉分拣单元的布线规范。

分拣单元的
电气接线

任务实施：

（1）仔细分析已经完成布线的分拣单元的接线情况，并绘制电气接线图。

（2）根据绘制的电气原理图，每组动手布线一次。

接线时应注意，装置侧端口中输入信号端子的上层（＋24V）只能作为传感器的正电源端，切勿用于电磁阀等执行元件的负载。电磁阀等执行元件的正电源端和 0V 端应连接到输出信号下层的对应端子上。装置侧接线完成后，用扎带绑扎，确保整齐、美观。

PLC 侧的接线包括：电源侧的接线，PLC 的 I/O 点与 PLC 侧接线端口之间的连线，PLC 的 I/O 点与按钮指示灯模块的端子之间的连线。

电气接线的工艺应符合国家职业标准规定。例如，导线连到端子时，采用紧端子压接方法；连接线须有符合规定的标号；每一端子的连接线不超过 2 根等。

（3）根据绘制的电气接线图，在表 4-4 中列出分拣单元装置侧的接线端口信号端子的分配情况。

表 4-4　分拣单元装置侧的接线端口信号端子的分配情况

项目	内容
 输入分配表	
 输出分配表	

（4）教师检查各项操作后完成下表。

评价表

	序号	能力点	掌握情况	本次任务得分
 评价	1	传感器接线正确	□是　□否	
	2	公共端接线正确	□是　□否	
	3	电磁阀接线正确	□是　□否	

任务 4　变频器的编程调试

任务描述：G120 变频器的接线及参数设置。

任务目标：1. 掌握 G120 变频器外围电路的接线方法。

2. 掌握 G120 变频器参数设置的方法。

任务实施：

（1）观看相关视频、PPT，仔细阅读"G120 变频器使用手册"。

（2）教师安装、接线、调试参数一次，学生进行过程记录。

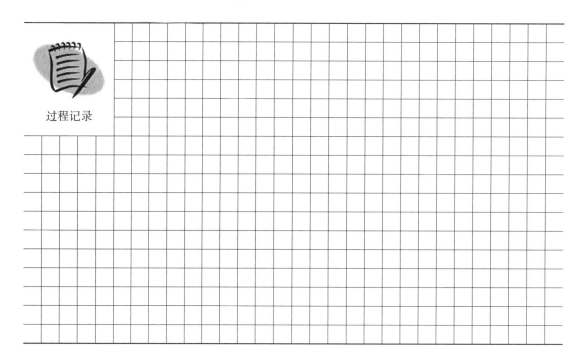

过程记录

（3）恢复变频器的出厂设置。

可按如下步骤将变频器的安全功能恢复为出厂设置：

1）设置 p0010＝30，激活恢复出厂设置。

2）设置 p9761＝…，输入安全功能的密码。

3）设置 p90＝5，开始恢复出厂设置。等待，直至变频器设置 p0970＝0。

4）设置 p0971＝1，等待，直至变频器设置 p0971＝0。

5）切断变频器的电源。

6）等待，直至变频器上所有的 LED 都熄灭。

7）给变频器重新上电。

（4）G120 变频器参数设置。

G120 变频器的参数设置界面如图 4－2 所示。

图 4－2　G120 变频器的参数设置界面

可以采用快速调试方式进行设置，参数及功能见表 4－5。

表 4－5　参数及功能

序号	参数	设定值	参数功能
1	P0010	30	参数复位
2	P0970	1	启动参数复位
3	P0010	1	快速调试
4	P0015	17	宏连接
5	P0300	1	设置为异步电动机
6	P0304	380V	电动机额定电压
7	P0305	0.18A	电动机额定电流
8	P0307	0.03kW	电动机额定功率
9	P0310	50Hz	电动机额定频率
10	P0311	1 300r/min	电动机额定转速
11	P0341	0.000 01	电动机额定惯量
12	P0756	0	单极电压输入（0～10V）
13	P1082	1 300r/min	最大转速
14	P1120	0.1s	加速时间
15	P1121	0.1s	减速时间
16	P1900	0	电动机数据检查
17	P0010	0	电动机就绪

（5）各小组进行 G120 变频器调试运行。

1）根据如图 4－3 所示的 G120 变频器接线图完成变频器接线。

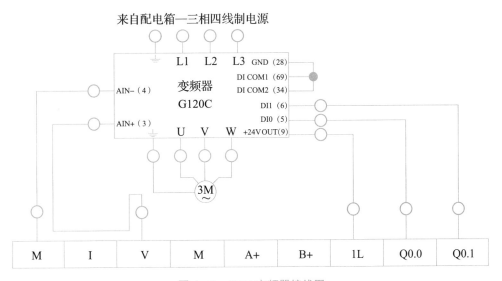

图 4－3　G120 变频器接线图

2）按照表 4-5 所列参数对变频器进行设置。

3）调试运行。

（6）教师检查各项操作后完成下表。

评价表

	序号	能力点	掌握情况	本次任务得分
	1	参数设置正确	□是　□否	
	2	电路接线正确	□是　□否	
评价	3	变频器输出了正确的频率	□是　□否	

任务 5　分拣单元的编程调试

任务描述：编写并调试分拣单元的主程序和分拣控制子程序。

任务目标：1. 掌握分拣单元 PLC 的编程技能。

　　　　　2. 熟悉复杂 PLC 控制系统的编程思路。

任务实施：

（1）分析分拣单元工作任务，分解工作过程。

1）设备的工作目标是完成对白色芯金属工件、白色芯塑料工件和黑色芯的金属或塑料工件的分拣。为了能在分拣时准确推出工件，要求使用旋转编码器进行定位检测，并确保工件材料和芯体颜色属性在推料气缸前的适当位置被检测出来。电动机以 30Hz 固定频率运行。

2）设备上电且气源接通后，若工作单元的 3 个气缸均处于缩回位置，则"正常工作"指示灯 HL1 常亮，表示设备已经准备好。否则，该指示灯以 1Hz 频率闪烁。

3）若设备准备好，按下启动按钮，系统启动，"设备运行"指示灯 HL2 常亮。在传送带入料口放上已装配的工件后，变频器启动，驱动电动机以固定频率为 30Hz 的速度把工件带往分拣区。

4）如果工件为白色芯金属件，则该工件对到达 1 号滑槽中间时，传送带停止，工件对被推到 1 号槽中。

5）如果工件为白色芯塑料，则该工件对到达 2 号滑槽中间时，传送带停止，工件对被推到 2 号槽中。

6）如果工件为黑色芯，则该工件对到达 3 号滑槽中间时，传送带停止，工件对被推到 3 号槽中。

7）工件被推出滑槽后，该工作单元的一个工作周期结束。此时，才能再次向传送带下料。

8）如果在运行期间按下停止按钮，该工作单元会在本工作周期结束后停止运行。

（2）请绘制装置控制流程图，并编写 PLC 程序。（可附页）

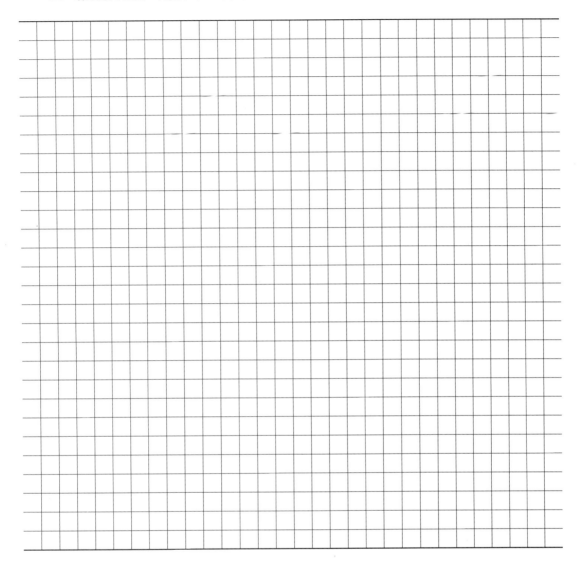

完成以上任务后，请以小组为单位与教师交流！

（3）分拣单元程序结构。

1）主程序。主程序的流程与前面所述的供料、加工单元类似。但由于采用了高速计数器编程，因此必须在上电后的第 1 个扫描周期调用 HSC_INIT 子程序，以定义并使用高速计数器。

2）子程序。分拣控制子程序是一个步进顺控程序，编程思路如下：

①当系统检测到待分拣工件下料到进料口后，清零 HC0 当前值，以固定频率启动变频器驱动电动机运转。

②当工件经过安装在传感器支架上的光纤探头和电感式传感器时，根据 2 个传感器动

作与否，判断工件的属性，决定程序的流向。HC0 当前值与传感器位置值的比较可采用触点比较指令实现。

③根据工件属性和分拣任务要求，在相应的推料气缸位置将工件推出。推料气缸返回后，步进顺控子程序返回初始步。

（4）完成程序编制后，在实训台上完成材料自动供料装置机械零部件的装配，完成电气及气动控制回路的安装、安全测试与功能手动调试。然后打开 S7-200smart PLC 编程软件 STEP7 SMART V2.0，完成 PLC 程序输入、下载、监控，最终完成材料自动供料装置的功能调试。

（5）利用编程软件的编译与纠错功能检查程序，确保程序的正确性。可按下列步骤完成系统调试。（在完成的步骤后打"√"）

☐ PLC 输入设备和输入口的接线是否正确。

☐ PLC 输入设备 COM 端和输入端口 COM 端接线是否正确。

☐ PLC 输出设备和输出端口的接线是否正确。

☐ PLC 输出端口 COM 端是否与 24V 直流电源正确连接。

☐ 请老师检查接线是否正确，然后完成安全测试，记录测试结果。

☐ 打开编程软件，输入符号表与 PLC 梯形图程序并编译，必要时调试逻辑错误。

☐ 连接通信电缆，打开 PLC 电源，将程序下载到 PLC 中。

☐ 将 PLC 状态设置为"RUN"，开启监控，进行装置功能调试。

☐ 设备上电且气源接通后，工作单元的 3 个气缸均处于缩回位置，"正常工作"指示灯 HL1 常亮，表示设备已经准备好。否则，该指示灯以 1Hz 频率闪烁。

☐ 若设备准备好，按下启动按钮，工作单元启动，指示灯 HL2 常亮。

☐ 启动后，在传送带入料口放下已装配的工件后，变频器启动，驱动传动电动机以频率固定 30Hz 的速度将工件带往分拣区。

☐ 如果工件为白色芯金属件，则该工件对到达 1 号滑槽中间时，传送带停止，工件对被推到 1 号槽中。

☐ 如果工件为白色芯塑料，则该工件对到达 2 号滑槽中间时，传送带停止，工件对被推到 2 号槽中。

☐ 如果工件为黑色芯，则该工件对到达 3 号滑槽中间时，传送带停止，工件对被推到 3 号槽中。

☐ 工件被推出滑槽后，该工作单元的一个工作周期结束。

☐ 如果在运行期间按下停止按钮，该工作单元会在本工作周期结束后停止运行。

（6）请将正确的分拣单元 PLC 控制程序记录下来。

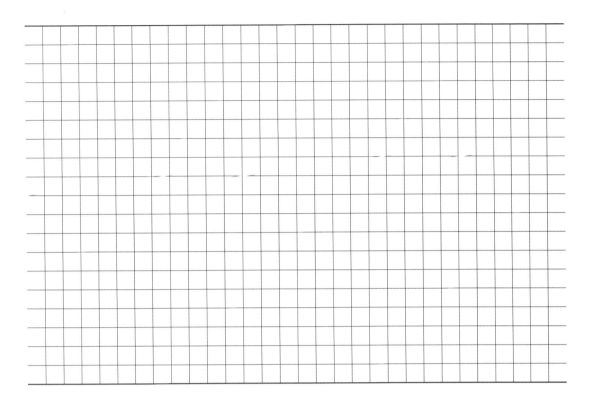

（7）教师检查各项操作后完成下表。

评价表

	序号	能力点	掌握情况	本次任务得分
	1	分拣单元控制正确	□是　□否	
	2	分拣单元控制流畅	□是　□否	
评价	3	完全掌握分拣单元控制	□是　□否	

调试与运行

（1）调整气动部分，检查气路是否正确，气压是否合适，气缸的动作速度是否合适。

（2）检查磁性开关的安装位置是否到位，磁性开关工作是否正常。

（3）检查 I/O 接线是否正确。

（4）检查光电接近开关安装是否合理，灵敏度是否合适，保证检测的可靠性。

（5）检查变频器各项参数设置是否正确，确保电动机正常运行。

（6）放入工件，运行程序，观察分拣单元动作是否满足任务要求。

（7）调试各种可能出现的情况，比如在任何情况下都有可能加入工件，要确保系统随时能够可靠工作。

问题与思考

（1）简述气动连线检查的方法、传感器接线检查的方法、I/O检测及故障排除的方法。

（2）分拣过程中出现意外情况应如何处理？

（3）思考分拣单元可能会出现的各种问题。

即测即评五

项目 5

输送单元的安装与调试

知识目标

● 掌握输送单元的组成。

● 掌握气缸、电磁换向阀、节流阀的工作原理、气路连接及选型。

● 掌握磁性开关、接近开关、行程开关的工作原理、接线及选型。

● 掌握伺服驱动器及伺服电动机的工作原理与接线。

● 掌握输送单元机械部分的安装与接线方法。

● 掌握输送单元气动系统的连接与调试方法。

● 掌握输送单元 PLC 控制系统的设计方法。

● 掌握输送单元电气控制电路的接线方法。

能力目标

● 能够准确叙述输送单元的功能及组成。

● 能够绘制出输送单元的电气原理图。

● 能够绘制出输送单元的气动原理图。

● 能够完成输送单元机械、气动系统的安装及调试。

● 能够完成输送单元伺服系统的安装及调试。

● 能够完成输送单元 PLC 控制系统的设计、安装及调试。

● 能够正确调整传感器的安装位置及工作模式开关。

素质目标

● 遵循国家标准，操作规范。

- 工作细致，态度认真。
- 团结协作，有创新精神。

 项目描述

输送单元主要由电动机、气缸、拖链、气爪等组成，如图 5-1 所示。

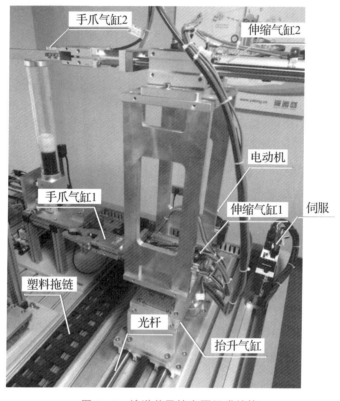

图 5-1 输送单元的主要组成结构

输送单元的基本功能：向各个工作单元输送工件。首先精确定位至指定单元的物料台，然后使用下层机械手抓取工件，将工件输送到指定地点放下；使用上层机械手将废料传递给机器人，完成废料清除。

输送单元工作过程：输送单元分为四自由度抓取机械手单元和直线位移位置精确控制单元。系统上电后，先执行回原点操作，到达原点后，若系统启动，输送站物料台的检测传感器检测到有工件时，机械手整体提升，气爪伸出，夹紧工件，气爪缩回，机械手整体下降。伺服电动机开始工作，按设定好的脉冲量将工件送至加工站。到达加工站后，机械手整体提升，气爪伸出，机械手整体下降，将工件放置在加工站物料台上，气爪松开，机械手回缩。加工站完成工件加工后，将工件送到装配站和分拣站，完成整个自动化生产线加工过程。

以小组为单位，根据给定的任务，结合所学知识搜集资料，和组员讨论后完成表 5-1。

表 5 – 1　输送单元工作页

项目	内容
光电传感器	原点传感器的作用： 限位开关的作用：
磁性开关	输送单元一共用到几处磁性开关，阐述其作用：
气缸	气爪的作用： 提升气缸的作用： 摆动气缸的作用：
气管接口　消声器　电磁阀　手动换向、加锁钮　电源插针　汇流板 二位五通电磁阀组	电磁阀组如何和气缸搭配工作？气爪、提升气缸和摆动气缸的初始状态分别是什么？
西门子 S7-200smart	（1）查找输入端、输出端、公共端、电源端、接地端、通信口。 （2）输入点：＿＿＿＿＿＿个；输出点：＿＿＿＿＿＿个
本次任务得分	

任务 1　输送单元的机械安装

任务描述：亚龙 YL-1633B 输送单元的机械安装。

任务目标：1. 掌握输送单元的机械安装流程。

2. 熟悉安装过程的注意事项。

任务实施：

（1）观看相关视频、PPT，仔细阅读"表 5-2　输送单元机械安装步骤"和"表 5-3 输送单元安装参考流程"。

表 5-2　输送单元机械安装步骤

第 1 步	第 2 步	第 3 步	第 4 步	第 5 步
直线导轨的安装	大溜板、滑块及同步带的安装	机械手支撑板的安装	提升机构的安装	安装提升气缸和组件安装板

第 6 步	第 7 步	第 8 步	第 9 步	第 10 步
旋转机构的安装	机械手的安装	机械手组件的安装	履带支架的安装	安装完成

表 5-3　输送单元安装参考流程

1. 直线导轨的安装

注意事项：

● 直线导轨是精密机械运动部件，其安装、调整都要遵循一定的规则和步骤，而且该单元中使用的导轨的长度较长，要快速准确地调整好两导轨的相互位置，确保其运动平稳、受力均匀、运动噪声小

续表

2. 大溜板、滑块及同步带的安装

安装顺序:

● 安装大溜板和滑块;

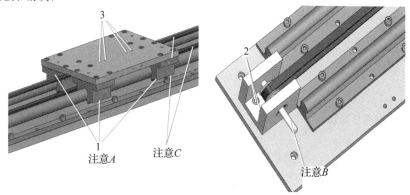

● 将电动机侧同步轮安装支架组件用螺栓固定在底板上;

● 安装完成大溜板和滑块及电动机侧同步轮支架后,把大溜板从直线导轨上取下以便安装同步带,先将同步带穿过两侧的同步轮,再将同步带固定在大溜板上;

● 安装完成后再把滑块套回导轨;

● 将调整端同步轮安装支架组件与底板连接;

● 将电动机安装板固定在电动机侧同步轮支架组件的相应位置;

● 将电动机与电动机安装板连接,采用活动连接;

● 在电动机轴和从动轴上分别套上同步轮,安装同步带并调整电动机位置,锁紧连接螺栓。

注意事项:

● 安装滑块时,在拧紧固定螺栓的过程中,应一边推动大溜板左右运动一边拧紧螺栓,直到滑动顺畅为止;

● 电动机侧同步轮安装支架组件的安装方向,从动轴要朝向供料单元侧;

● 安装同步带时,要先将同步带穿过两侧的同步轮;

● 安装同步带时,要先将大溜板取下。取下和安装时注意:由于用于滚动的钢球嵌在滑块的橡胶套内,因此一定要避免橡胶套受到破坏或用力太大导致钢球掉落;

● 安装可调整端同步轮支架时,要调整同步带的张紧度;

● 安装电动机时,不要提前将固定电动机的螺栓拧紧,以便安装同步带

3. 机械手支撑板的安装

安装顺序:

● 将两立面支撑板与机械手支撑板连接。

注意事项:

● 安装两立面支撑板时,注意安装位置和方向;

● 两个螺孔的位置应摆正

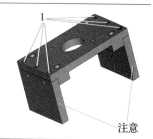

续表

4. 提升机构的安装

安装顺序：

● 安装气缸杆连接件；

● 安装提升气缸导轨。

注意事项：

● 4 个导轨的平行度

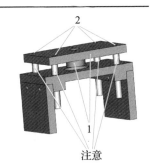

5. 安装提升气缸和组件安装板

安装顺序：

● 用长螺钉从下面将提升气缸和支撑板固定；

● 用螺钉从底板下面将底板和立面支撑板固定。

注意事项：

● 气缸的方向，要先将节流阀安装到气缸上面；

● 气缸后面的凹槽内一定要放入两个薄片螺母，用于安装传感器

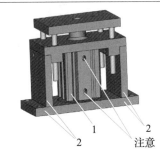

6. 旋转机构的安装

安装顺序：

● 将旋转气缸和气缸支撑板用螺钉安装在一起；

● 将伸出气缸的连接件和摆台连接。

注意事项：

● 调节调节螺杆，使旋转气缸能旋转 90°，并注意旋转 90°后的位置；

● 安装连接件时，注意连接件上 4 个螺孔应处在气爪方向上

7. 机械手的安装

安装顺序：

● 安装机械手指；

● 将机械手指和连接件安装在一起；

● 将伸出气缸和连接件安装在一起

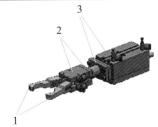

8. 机械手组件的安装

安装顺序：

● 用长螺钉把机械手组件和气缸连接件安装在一起，并对角紧固

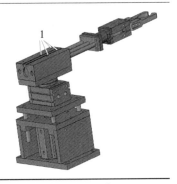

续表

9. 履带支架的安装

安装顺序：

● 把履带支架安装到搬运部分组件上。

注意事项：

● 履带支架的方向

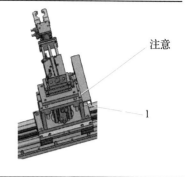

注意

1

10. 安装完成

（2）教师或学生组装一次输送单元，学生进行过程记录。

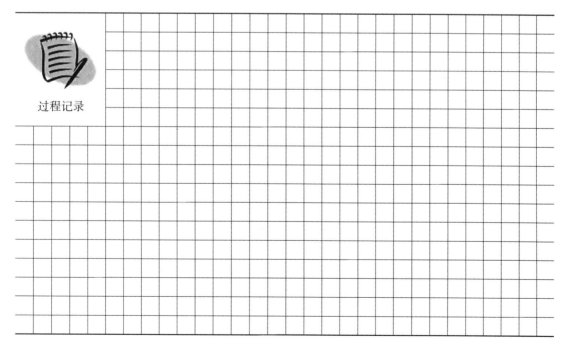

过程记录

（3）每组动手安装一次输送单元。教师检查后完成下表。

评价表

	序号	能力点	掌握情况	本次任务得分
评价	1	支架安装正确	□是　□否	
	2	气缸安装正确	□是　□否	

任务 2　输送单元的气路连接

任务描述： 亚龙 YL-1633B 输送单元的气路连接。

任务目标： 1. 掌握输送单元的气动回路设计。

　　　　　　2. 熟悉输送单元的气路连接。

　　　　　　3. 注意每个气缸的初始状态。

输送单元的
气路连接

任务实施：

（1）请绘制自动输送装置的气动控制回路。

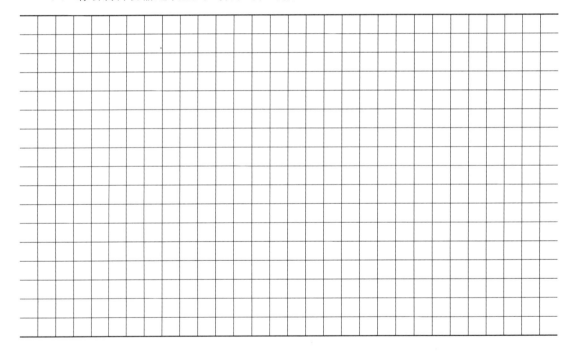

（2）连接气路并进行调试。

1）连接步骤：从汇流排开始，按气动控制回路图连接电磁阀、气缸。连接时注意气管走向，应按序排布，确保均匀美观，不能交叉、打折；气管要在快速接头中插紧，不能出现漏气现象。

2）气路调试包括：①用电磁阀上的手动换向加锁钮验证气爪气缸、伸出气缸、旋转气缸等的初始位置和动作位置是否正确。②调整气缸节流阀以控制气缸的运动速度。

（3）气路连接和电气配线敷设。

当抓取机械手做往复运动时，连接到机械手上的气管和电气连接线也随之运动。确保这些气管和电气连接线运动顺畅，不至于在移动过程拉伤或脱落是安装过程的重要一环。

连接到机械手上的管线应先绑扎在拖链安装支架上，然后沿拖链敷设，进入管线线槽中。绑扎管线时要注意管线引出端到绑扎处应确保足够的长度，以免机构运动时被拉紧而造成脱落。沿拖链敷设时，注意管线间不要相互交叉。

（4）教师检查各项操作后完成下表。

评价表

	序号	能力点	掌握情况	本次任务得分
	1	气缸安装位置正确	□是　□否	
评价	2	气路接线正确	□是　□否	
	3	气路调试流畅	□是　□否	

任务 3　输送单元的电气接线

输送单元的
电气接线

任务描述： 亚龙 YL-1633B 输送单元的电气接线。

任务目标： 1. 掌握输送单元的传感器接线。

2. 熟悉输送单元的布线规范。

任务实施：

（1）仔细分析已经完成布线的输送单元的接线情况，并绘制电气接线图。

（2）根据绘制的电气接线图，每组动手布线一次。

接线时应注意，装置侧端口中输入信号端子的上层（+24V）只能作为传感器的正电
源端，切勿用于电磁阀等执行元件的负载。电磁阀等执行元件的正电源端和0V端应连接到
输出信号下层的对应端子上。装置侧接线完成后，用扎带绑扎，确保整齐、美观。

PLC侧的接线包括：电源侧的接线，PLC的I/O点与PLC侧接线端口之间的连线，
PLC的I/O点与按钮指示灯模块的端子之间的连线。

电气接线的工艺应符合国家职业标准规定。例如，导线连到端子时，采用紧端子压接
方法；连接线须有符合规定的标号；每一端子的连接线不超过2根等。

（3）根据绘制的电气接线图，在表5-4中列出输送单元装置侧的接线端口信号端子的
分配情况。

表5-4　输送单元装置侧的接线端口信号端子的分配情况

项目	内容
 输入分配表	
 输出分配表	

（4）教师检查各项操作后完成下表。

评价表

评价	序号	能力点	掌握情况	本次任务得分
	1	传感器接线正确	□是　□否	
	2	公共端接线正确	□是　□否	
	3	电磁阀接线正确	□是　□否	

任务4　伺服电动机编程调试

任务描述：使用位控向导进行编程。

任务目标：1. 掌握使用位控向导编程的方法。

2. 了解位控向导生成的项目组件及其应用。

任务实施：

（1）观看相关视频、PPT，仔细阅读"西门子 S7-200 smart PLC 使用手册"。

（2）教师编程调试一次，学生进行过程记录。伺服驱动器参数见基础篇表 4 - 2。

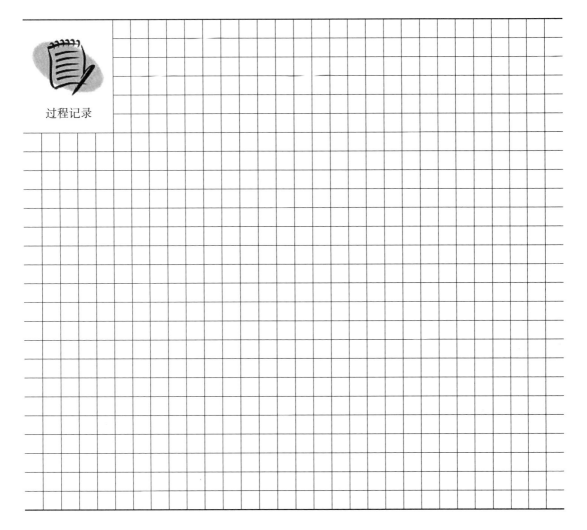

过程记录

（3）安装接线。

（4）参数设置。

（5）配置位控向导编程步骤［以轴 0（X 轴）为例］。

1）在 STEP7 SMART V2.0 软件中，选择"工具"-"运动向导"菜单命令，进行位置控制配置。在"运动控制向导-轴数"对话框中选择"轴 0"，单击"下一步"按钮，对轴 0 重命名。单击"下一步"按钮，在"运动控制向导-测量系统"对话框中选择"相对脉冲"，如图 5 - 2 所示。

2）在"运动控制向导-方向控制"对话框中选择"相位"为"单相（2 输出）"，选择"极性"为"正"，进行方向控制组态，如图 5 - 3 所示。

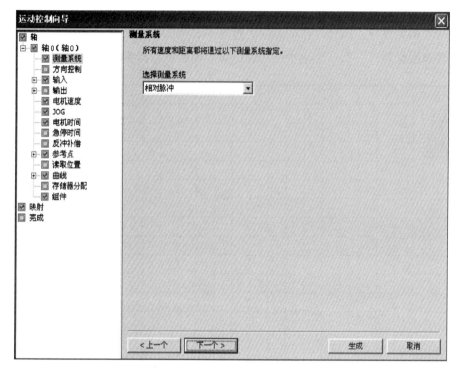

图 5-2　"运动控制向导-测量系统"对话框

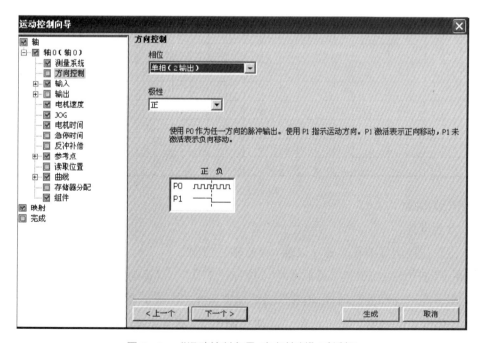

图 5-3　"运动控制向导-方向控制"对话框

3）在"运动控制向导-LMT＋"对话框中进行 LMT＋正限位的控制组态。勾选"启用"，"输入"选择"I0.2"，"响应"选择"立即停止"，"有效电平"选择"上限"，如图 5-4 所示。

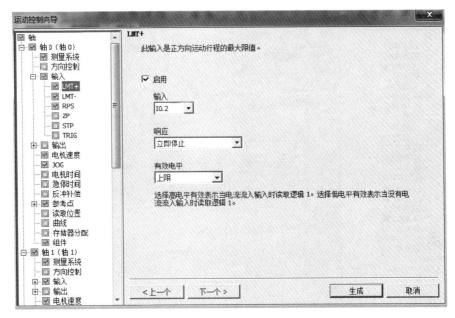

图 5-4 "运动控制向导-LMT+"对话框

4）在"运动控制向导-LMT－"对话框中进行 LMT－正限位的控制组态。勾选"启用"，"输入"选择"I0.1"，"响应"选择"立即停止"，"有效电平"选择"上限"，如图 5-5 所示。

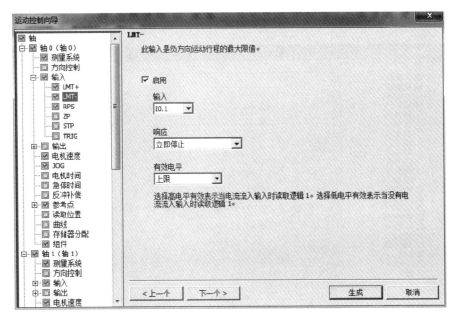

图 5-5 "运动控制向导-LMT－"对话框

5）在"运动控制向导-RPS"对话框中进行 RPS 参考点的控制组态。勾选"启用"，"输入"选择"I0.0"，"有效电平"选择"上限"，如图 5-6 所示。

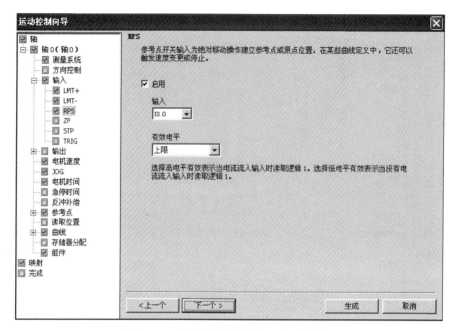

图 5-6 "运动控制向导-RPS"对话框

6）在"运动控制向导-电机速度"对话框中进行电机速度控制组态。MAX_SPEED 设为 100 000 个脉冲/s，SS_SPEED 设为 1 000 个脉冲/s，MIN_SPEED 的值在设置完"最大值"及"启动/停止"后自动生成，如图 5-7 所示。

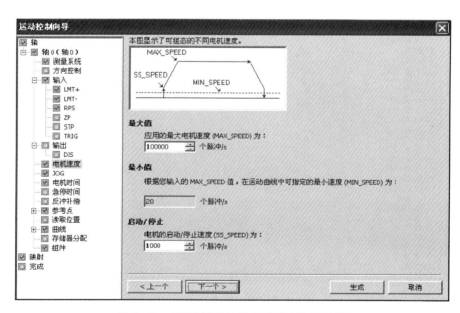

图 5-7 "运动控制向导-电机速度"对话框

7）在"运动控制向导-JOG"对话框中进行电机 JOG 控制组态。JOG_SPEED 设为 20 000 个脉冲/s，JOG_INCREMENT 设为 20 个脉冲/s，如图 5-8 所示。

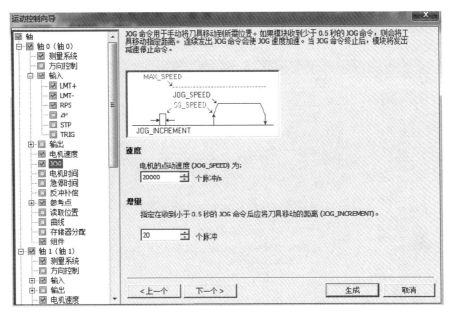

图 5-8　"运动控制向导-JOG"对话框

8）在"运动控制向导-电机时间"对话框中进行电机时间控制组态。ACCEL_TIME 设为 100ms，DECEL_TIME 设为 100ms，如图 5-9 所示。

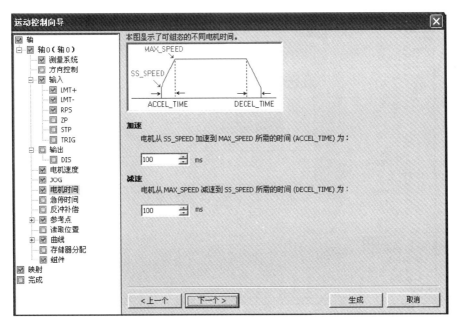

图 5-9　"运动控制向导-电机时间"对话框

9）在"运动控制向导-参考点"对话框中进行参考点控制组态。勾选"启用"参考点，进行"查找"组态，将 RP_FAST 设为 20 000 个脉冲/s，RP_SLOW 设为 8 000 个脉冲/s，RP_SEEK_DIR 设为"负"，RP_APPR_DIR 设为"正"，搜索原点顺序选择方式 2，如图 5-10、图 5-11 所示。

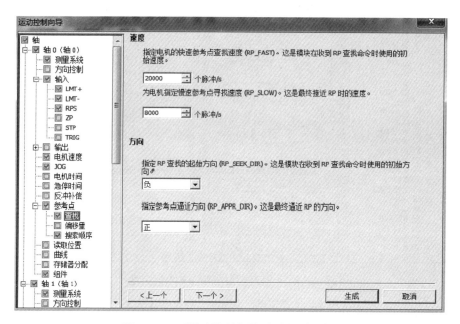

图 5-10 "运动控制向导-查找"对话框

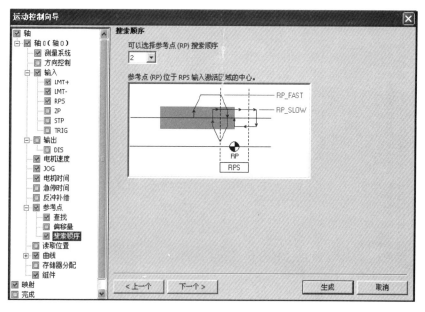

图 5-11 "运动控制向导-搜索顺序"对话框

10）在"运动控制向导-曲线"对话框中进行曲线控制组态。曲线运行模式可以选择"相对位置"、"绝对位置"、"单速连续旋转"和"双速连续旋转"4 种。根据实际需要建立包络，在"运动控制向导-组件"对话框中勾选所有组件，也可根据实际需要勾选组件，并进行存储器地址分配。如图 5-12、图 5-13 所示。

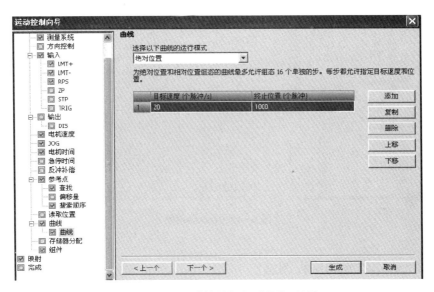

图 5-12　"运动控制向导-曲线"对话框

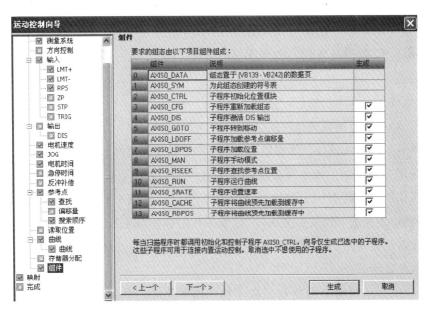

图 5-13　"运动控制向导-组件"对话框

通过运动控制向导组态后生成的 I/O 映射表如图 5-14 所示。

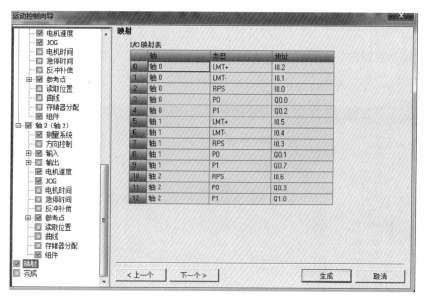

图 5-14　I/O 映射表

任务 5　输送单元的编程调试

任务描述：输送单元程序主要包括主程序、输送站回原点子程序、复位子程序、急停子程序、运行控制子程序、抓料子程序、放料子程序、通信子程序和急停不复位子程序。

任务目标：1. 掌握输送单元 PLC 的编程技能。

2. 熟悉复杂 PLC 控制系统的编程思路。

任务实施：

（1）分析输送单元工作任务，分解工作过程。

输送单元单站运行的目的是测试设备传送工件的功能。

1）其他各工作单元就位，供料单元的出料台上已放置工件。

2）输送单元通电后，按下复位按钮执行复位操作，抓取机械手回到原点。复位过程中，"正常工作"指示灯 HL1 以 1Hz 频率闪烁。当抓取机械手回到原点，且输送单元各个气缸满足初始位置要求，则复位完成，"正常工作"指示灯 HL1 常亮。按下启动按钮，设备启动，"设备运行"指示灯 HL2 常亮，功能测试过程开启。

3）正常功能测试。

①抓取机械手从供料站出料台抓取工件，抓取顺序：手臂伸出→气爪夹紧以抓取工件→提升台上升→手臂缩回。

②抓取动作完成后，伺服电动机驱动抓取机械手向加工站移动，移动速度不小于 300mm/s。

③抓取机械手移动到加工站物料台的正前方后，将工件放到加工站物料台上。抓取机

械手在加工站放下工件的顺序：手臂伸出→提升台下降→气爪松开以放下工件→手臂缩回。

④放下工件动作完成 2s 后，抓取机械手执行抓取加工站工件的操作。抓取的顺序与供料站抓取工件的顺序相同。

⑤抓取动作完成后，伺服电动机驱动抓取机械手移动到装配站物料台的正前方，将工件放到装配站物料台上，动作顺序与加工站放下工件的顺序相同。

⑥放下工件动作完成 2s 后，抓取机械手执行抓取装配站工件的操作。抓取的顺序与供料站抓取工件的顺序相同。

⑦机械手缩回后，摆台逆时针旋转 90°，伺服电动机驱动机械手从装配站向分拣站运送工件，到达分拣站传送带上方入料口后将工件放下，动作顺序与加工站放下工件的顺序相同。

⑧放下工件动作完成后，机械手缩回，执行返回原点的操作。伺服电动机驱动机械手以 400mm/s 的速度返回，返回 900mm 后，摆台顺时针旋转 90°，然后以 100mm/s 的速度低速返回原点并停止。抓取机械手返回原点后，一个测试周期结束。在供料单元的出料台上放置工件后，再按一次启动按钮，即可开始新一轮测试。

4）非正常运行的功能测试。

若在工作过程中按下急停按钮，系统立即停止运行。复位后，系统从急停前的断点继续运行。若急停按钮按下时，输送站机械手正在向某一目标点移动，则急停复位后输送站机械手应先返回原点位置，再向原目标点移动。

在急停状态下，绿色指示灯 HL2 以 1Hz 频率闪烁，直到急停复位后恢复正常运行时，HL2 恢复常亮。

（2）确定伺服电动机运行的运动包络。

STEP7 SMART V2.0 软件的位控向导能自动处理 PTO 脉冲的单段管线、多段管线、脉宽调制、SM 位置配置并创建包络表。伺服电动机运行所需的运动包络见表 5-5。

表 5-5　伺服电动机运行所需的运动包络

运动包络	站点		脉冲量	移动方向
0	低速回零		单速返回	DIR
1	供料单元→加工单元	430mm	43 000	—
2	加工单元→装配单元	350mm	35 000	—
3	装配单元→分拣单元	260mm	26 000	—
4	分拣单元→高速回零前	900mm	90 000	DIR
5	供料单元→装配单元	780mm	78 000	—
6	供料单元→分拣单元	1 040mm	104 000	—

实际工作距离还要参考各单元安装的位置，测量方法可参考 YL-1633B 自动化生产线设备俯视图，如图 5-15 所示。

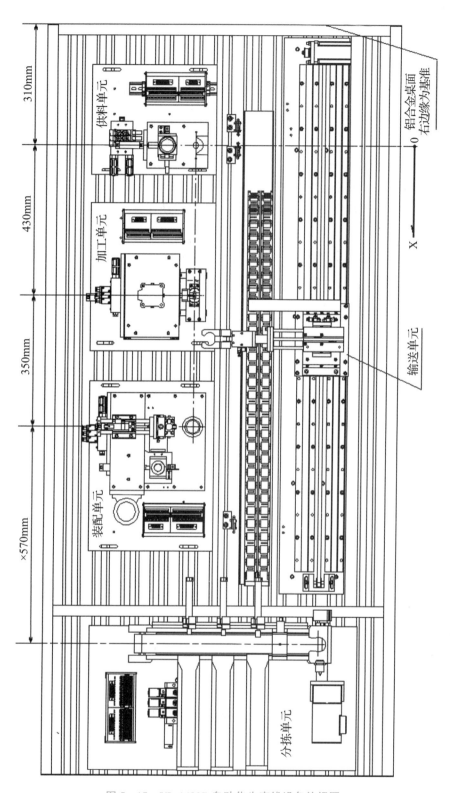

图 5-15　YL-1633B 自动化生产线设备俯视图

（3）请绘制装置控制流程图，并编写 PLC 程序。（可附页）

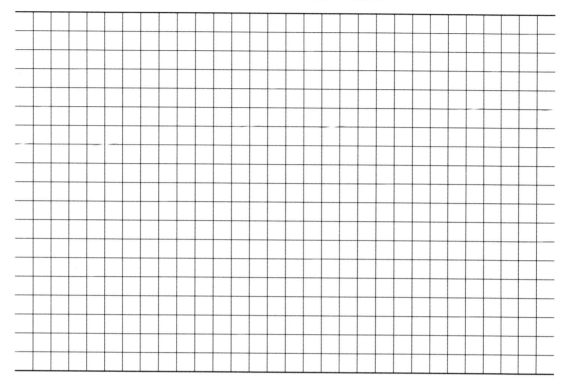

完成以上任务后，请以小组为单位与教师交流！

（3）输送单元程序结构。

1）主程序。

结合前面所述的传送工件功能测试任务可以看出，整个功能测试过程应包括上电后复位、传送功能测试、紧急停止处理和状态指示等部分，传送功能测试是一个步进顺序控制过程。在子程序中可采用步进指令驱动实现。紧急停止处理过程也要编写一个子程序进行单独处理。这是因为当抓取机械手正在向某一目标点移动时按下急停按钮，PTOx_CTRL 子程序的 D_STOP 输入端会变成高位，停止启用 PTO，PTOx_RUN 子程序使能位 OFF 终止，使抓取机械手停止运动。急停复位后，原来运行的包络已经终止，为了使抓取机械手继续向目标点移动，可使其先返回原点，然后运行从原点到原目标点的包络。这样，当急停复位后，程序不能马上回到原来的顺控过程，而是要经过抓取机械手装置返回原点的过渡过程。

输送单元程序控制的关键是伺服电动机的定位控制。编写程序时，应预先规划好各段的包络，然后借助位置控制向导组态 PTO 输出。伺服电动机运行的运动包络数据是根据工作任务的要求和各工作单元的位置确定的。表 5-5 中所列的包络 5 和包络 6 用于急停复位，是经急停处理返回原点后重新运行的运动包络。主程序应包括上电初始化、复位过程（子程序）、准备就绪后投入运行等阶段。

2）初态检查复位子程序和回原点子程序。

系统上电且按下复位按钮后，调用初态检查复位子程序，进入初始状态检查和复位操作阶段，目的是确定系统是否准备就绪；若未准备就绪，系统不能启动。该子程序的内容是检查各气动执行元件是否处在初始位置，抓取机械手是否在原点位置，如否，则进行相应的复位操作，直至准备就绪。子程序中，除调用回原点子程序外，主要是完成简单的逻辑运算。

抓取机械手返回原点的操作在输送单元的整个工作过程中都会频繁地进行，因此编写一个子程序供需要时调用是必要的。回原点子程序是一个带形式参数的子程序，在其局部变量表中定义了一个 BOOL 输入参数 START，当使能输入（EN）和 START 输入为 ON 时，启动子程序调用，当 START（即局部变量 L0.0）为 ON 时，置位 PLC 的方向控制输出 Q0.0，并且这一操作在 PTO0_RUN 指令之后，这就确保了方向控制输出的下一个扫描周期才开始脉冲输出。

3）急停处理子程序。

当系统进入运行状态后，在每个扫描周期都调用急停处理子程序。该子程序也带形式参数，其局部变量表中定义了 2 个 BOOL 型输入/输出参数 ADJUST 和 MAIN_CTR。参数 MAIN_CTR 传递给全局变量主控标志 M2.0，并由 M2.0 当前状态维持，此变量的状态决定了系统在运行状态下能否执行正常的传送功能测试过程。参数 ADJUST 传递给全局变量包络调整标志 M2.5，并由 M2.5 当前状态维持，此变量的状态决定了系统在移动机械手的工序中是否需要调整运动包络号。

4）完成程序编制后，在实训台上完成材料自动供料装置机械零部件的装配，完成电气及气动控制回路的安装、安全测试与功能手动调试。然后打开 S7-200 smart PLC 编程软件 STEP7 SMART V2.0，完成 PLC 程序输入、下载、监控，最终完成材料自动供料装置的功能调试。

5）利用编程软件的编译与纠错功能检查程序，确保程序的正确性。可按下列步骤完成系统调试。（在完成的步骤后打"√"）

□ PLC 输入设备和输入口的接线是否正确。

□ PLC 输入设备 COM 端和输入端口 COM 端接线是否正确。

□ PLC 输出设备和输出端口的接线是否正确。

□ PLC 输出端口 COM 端是否与 24V 直流电源正确连接。

□ 请老师检查接线是否正确，然后完成安全测试，记录测试结果。

□ 打开编程软件，输入符号表与 PLC 梯形图程序并编译，必要时调试逻辑错误。

□ 连接通信电缆，打开 PLC 电源，将程序下载到 PLC 中。

□ 将 PLC 状态设置为"RUN"，开启监控，进行装置功能调试。

□ 设备上电且气源接通后，按下复位按钮，抓取机械手回到原点。

□ 若设备已经准备好，"正常工作"指示灯 HL1 以 1Hz 频率闪烁，输送单元各个气缸满足初始位置的要求，则复位完成，"正常工作"指示灯 HL1 常亮。

□ 抓取机械手从供料站出料台抓取工件，抓取顺序：手臂伸出→气爪夹紧以抓取工件→提升台上升→手臂缩回。

□ 抓取动作完成后，伺服电动机驱动抓取机械手向加工站移动，移动速度不小于 300mm/s。

□ 抓取机械手移动到加工站物料台的正前方后，将工件放到加工站物料台上。放下工件的顺序：手臂伸出→提升台下降→气爪松开以放下工件→手臂缩回。

□ 放下工件动作完成 2s 后，抓取机械手执行抓取加工站工件的操作。

□ 抓取动作完成后，伺服电动机驱动抓取机械手移动到装配站物料台的正前方，将工件放到装配站物料台上。

□ 放下工件动作完成 2s 后，抓取机械手执行抓取装配站工件的操作。

□ 抓取机械手手臂缩回后，摆台逆时针旋转 90°，伺服电动机驱动抓取机械手从装配站向分拣站运送工件，到达分拣站传送带上方入料口后将工件放下。

□ 放下工件动作完成后，机械手手臂缩回，然后执行返回原点操作。伺服电动机驱动抓取机械手以 400mm/s 的速度返回，返回 900mm 后，摆台顺时针旋转 90°，以 100mm/s 的速度低速返回原点并停止。

□ 再按一次启动按钮，即可开始新一轮测试。

（4）请将正确的装配单元 PLC 控制程序记录下来。

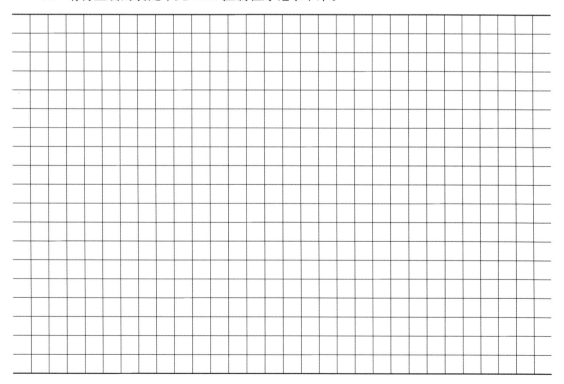

（5）教师检查各项操作后完成下表。

评价表

	序号	能力点	掌握情况	本次任务得分
评价	1	输送单元控制正确	□是　□否	
	2	输送单元控制流畅	□是　□否	
	3	完全掌握输送单元控制	□是　□否	

 调试与运行

（1）调整气动部分，检查气路是否正确，气压是否合适，气缸的动作速度是否合适。

（2）检查磁性开关的安装位置是否到位，磁性开关工作是否正常。

（3）检查 I/O 接线是否正确。

（4）检查光电接近开关安装是否合理，灵敏度是否合适，保证检测的可靠性。

（5）放入工件，运行程序，观察输送单元动作是否满足任务要求。

（6）调试各种可能出现的情况，比如在任何情况下都有可能加入工件，要确保系统随时能够可靠工作。

（7）优化程序。

问题与思考

（1）简述气动连线检查的方法、传感器接线检查的方法、I/O 检测及故障排除的方法。

（2）输送过程中出现意外情况应如何处理？

（3）思考输送单元可能会出现的各种问题。

即测即评六

项目 6

码垛单元的安装与调试

知识目标

- 掌握码垛单元的组成。
- 掌握磁性开关、接近开关的工作原理、接线及选型。
- 掌握码垛单元机械部分的安装及接线方法。
- 掌握码垛单元气动系统的连接及调试方法。
- 掌握码垛单元 PLC 控制系统的设计方法。
- 掌握码垛单元电气控制电路的接线方法。
- 掌握工业机器人的示教方法。

能力目标

- 能够准确叙述码垛单元的功能及组成。
- 能够绘制出码垛单元的电气原理图。
- 能够绘制出码垛单元的气动原理图。
- 能够完成码垛单元机械、气动系统的安装及调试。
- 能够完成码垛单元 PLC 控制系统的设计、安装及调试。
- 能够正确调整传感器的安装位置及工作模式开关。
- 能够正确完成机器人编程。

素质目标

- 遵循国家标准，操作规范。

- 工作细致，态度认真。
- 团结协作，有创新精神。

 项目描述

码垛单元主要由机器人本体、码垛盘、夹具、按钮盒、机器人控制器组成，如图 6-1 所示。

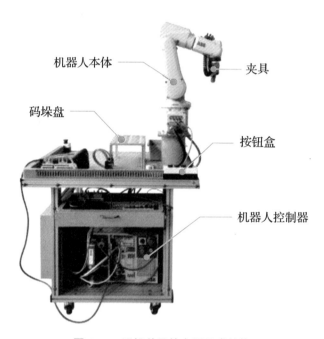

图 6-1　码垛单元的主要组成结构

码垛单元的基本功能：对分拣后的物料进行入库处理，并对库里的物料进行拆分出库处理。

码垛单元的工作过程：将分拣站中已分拣至料槽的工件取走，放入码垛盘中，完成码垛。另外，也可将原料传递给输送单元的上层机械手，实现循环生产。

任务 1　码垛单元的机械安装

任务描述：亚龙 YL-1633B 码垛单元的机械安装。

任务目标：1. 掌握码垛单元的机械安装流程。

　　　　　2. 熟悉安装过程的注意事项。

任务实施：

（1）观看相关视频、PPT，仔细阅读"表 6-1　码垛单元机械安装步骤"和"表 6-2 码垛单元安装参考流程"。

表 6 - 1　码垛单元机械安装步骤

第 1 步	第 2 步	第 3 步
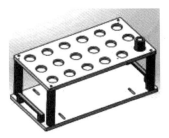		
码垛盘的安装	机器人本体的安装	安装完成

表 6 - 2　码垛单元安装参考流程

1. 码垛盘的安装

注意事项：

● 装配铝合金型材支撑架时，注意调整好各条边的平行度及垂直度锁紧螺栓；

● 在桌面上固定机械机构时，需要将螺母放到桌面的型材槽中，螺栓从上面旋入，实现底板和桌面的连接

2. 机器人本体的安装

注意事项：

● 由于机器人本体自重较大，且有精度要求，因此不建议进行拆装

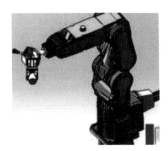

3. 安装完成

（2）教师或学生组装一次码垛单元，学生进行过程记录。

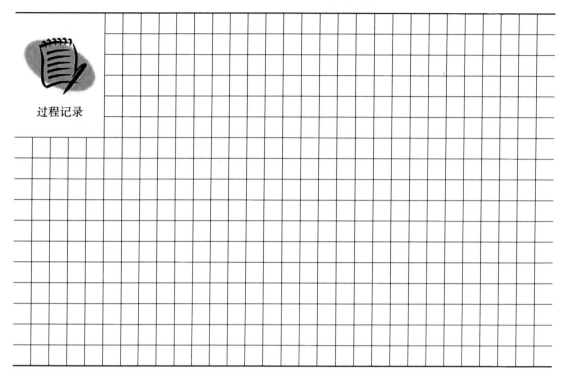

（3）每组动手安装一次码垛单元。教师检查后完成下表。

评价表

	序号	能力点	掌握情况	本次任务得分
评价	1	支架安装正确	□是　□否	
	2	气缸安装正确	□是　□否	

任务 2　码垛单元的机器人编程

任务描述： 亚龙 YL-1633B 码垛单元机器人的编程调试。

任务目标： 1. 掌握机器人的安装与接线。

　　　　　　2. 熟悉机器人的编程方法。

　　　　　　3. 机器人和 PLC 通信。

任务实施：

1. 定义 DSQC651 板总线连接

ABB 的标准 I/O 板是挂在 Device Net 现场总线下的设备。定义 DSQC651 板总线连接的相关参数说明见表 6-3。

表 6 - 3　DSQC651 板相关参数说明

参数名称	设定值	说明
Name	board10	设定 I/O 板在系统中的名称
Type of Unit	d651	设定 I/O 板的类型
Connected to Bus	Devicenet1	设定 I/O 板连接的总线
DeviceNet Address	10	设定 I/O 板在总线中的地址

DSQC651 板总线连接的操作步骤如下：

第 1 步，先选择"控制面板"，再选择"配置"，双击"Unit"，进行 DSQC651 模块的设定，如图 6 - 2 所示。

图 6 - 2　双击"Unit"进行 DSQC651 模块的设定

第 2 步，单击"添加"，双击"Name"，将 DSQC651 板在系统中的名称设为"board10"。10 代表此模块在 Device Net 总线中的地址，方便识别，然后单击"确定"，如图 6 - 3 所示。

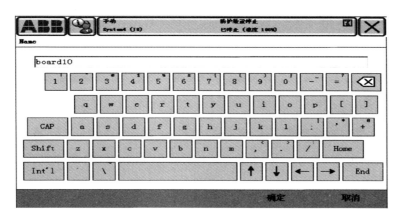

图 6 - 3　设置名称为"board10"

第3步，单击"Type of Unit"，选择"d651"，单击"确定"，如图6-4所示。

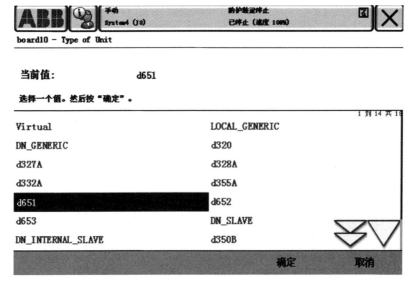

图6-4　选择"d651"

第4步，双击"Connected to Bus"，选择"DeviceNet1"，如图6-5所示。

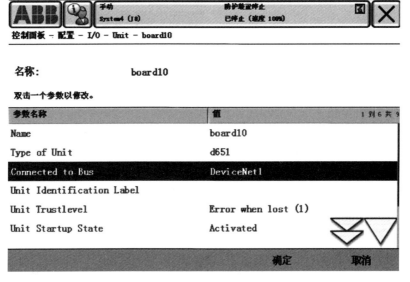

图6-5　选择"DeviceNet1"

第5步，单击向下翻页箭头，将"DeviceNet Address"设定为10，然后单击"确定"，单击"是"，至此，定义Device Net板的总线连接操作完成，如图6-6所示。

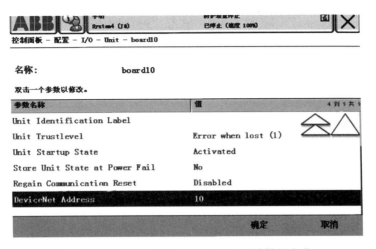

图 6-6 定义 Device Net 板的总线连接操作完成

2. 定义数字输入信号 di1 和数字输出信号 do1

（1）数字输入信号 di1 的相关参数见表 6-4。

表 6-4 di1 的相关参数

参数名称	设定值	说明
Name	di1	设定数字输入信号的名称
Type of Signal	Digital Input	设定信号的类型
Assigned to Unit	board10	设定信号所占的 I/O 模块
Unit Mapping	0	设定信号所占用的地址

定义数字输入信号的具体步骤如下：

第 1 步，先选择"控制面板"，再选择"配置"，双击"Signal"，单击"添加"，如图 6-7 所示。

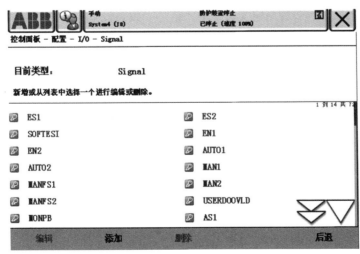

图 6-7 "添加"信号

第 2 步，双击"Name"，输入"di1"，单击"确定"；双击"Type of Signal"，选择"Digital Input"，双击"Assigned to Unit"，选择"board10"，输入"0"，单击"确定"，再单击"确定"，最后单击"是"，如图 6-8 所示。

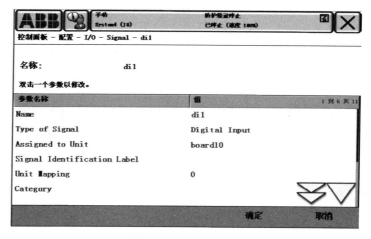

图 6-8 定义"di1"

（2）数字输出信号 do1 的相关参数见表 6-5。

表 6-5 do1 的相关参数

参数名称	设定值	说明
Name	do1	设定数字输出信号的名称
Type of Signal	Digital Input	设定信号的类型
Assigned to Unit	board10	设定信号所占的 I/O 模块
Unit Mapping	32	设定信号所占用的地址

定义数字输出信号的步骤与定义数字输入信号一致，设置完成的效果如图 6-9 所示。

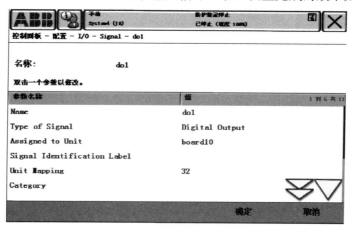

图 6-9 定义"do1"

3. 系统输入/输出与 I/O 信号的关联

将数字输入信号与系统的控制信号关联起来，就可以对系统进行控制（如电动机开启、程序启动等），系统的状态信号也可以与数字输出信号关联起来，将系统的状态输出给外围设备，以作控制之用。下面介绍建立系统输入/输出与 I/O 信号关联的操作步骤。

（1）建立系统输入"电机开启"与数字输入信号 dil 的关联，具体步骤如下：

第 1 步，先选择"控制面板"，再选择"配置"，双击"System Input"，单击"添加"，单击"Signal Name"，选择"dil"，如图 6 - 10 所示。

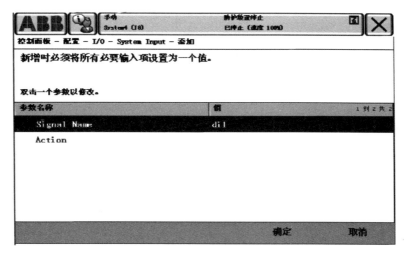

图 6 - 10　选择"dil"

第 2 步，双击"Action"，选择"Motors On"，然后单击"确定"，单击"是"，完成设定，如图 6 - 11 所示。

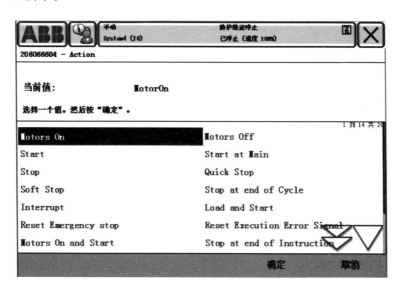

图 6 - 11　关联设定完成

（2）建立系统输出"Auto on"与数字输出信号dol的关联，具体步骤如下：

第1步，先选择"控制面板"，再选择"配置"，双击"System Output"，单击"添加"，单击"Signal Name"，选择"dol"，如图6-12所示。

图6-12　选择"dol"

第2步，双击"Action"，选择"Auto On"，然后单击"确定"，单击"是"，完成设定，如图6-13所示。

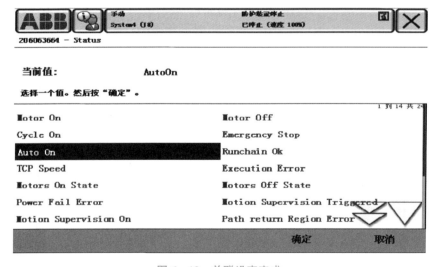

图6-13　关联设定完成

4. 建立程序模块与例行程序

具体操作步骤如下：

第 1 步, 单击 "程序编辑器", 打开程序编辑器, 打开 "文件" 菜单, 选择 "新建模块", 单击 "是", 如图 6 - 14 所示。

图 6 - 14　选择 "新建模块"

第 2 步, 通过 "ABC…" 进行模块名称的设定, 如图 6 - 15 所示, 然后单击 "确定" 创建模块。

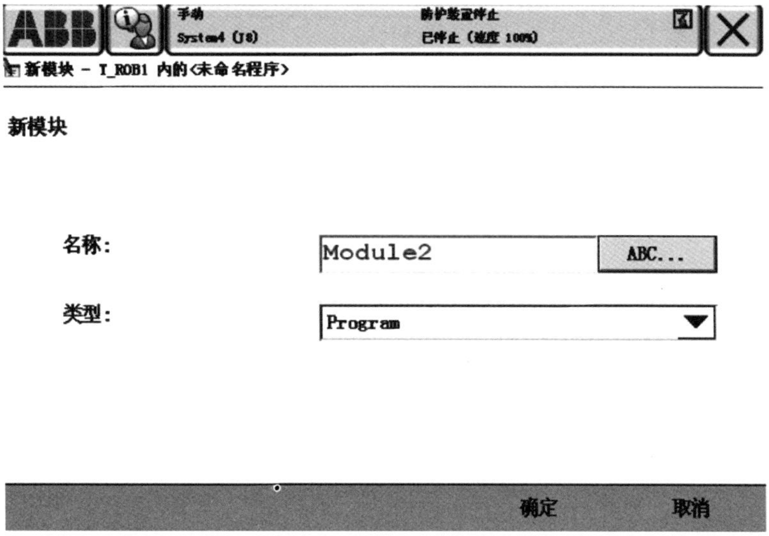

图 6 - 15　设定模块名称

第 3 步, 选中模块 Module2, 如图 6 - 16 所示, 单击 "显示模块", 再单击 "例行程序" 进行例行程序的创建。

第 4 步, 打开 "文件" 菜单, 选择 "新建", 新建例行程序, 如图 6 - 17 所示。

第 5 步, 例行程序的名称可以自定义, 如图 6 - 18 所示, 单击 "确定"。

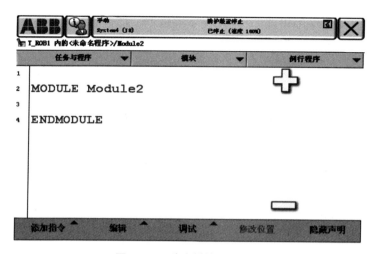

图 6-16　选中模块 Module2

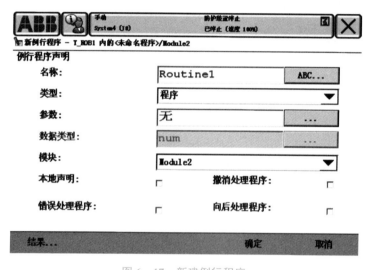

图 6-17　新建例行程序

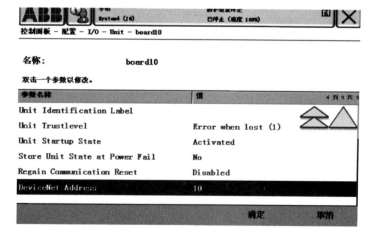

图 6-18　自定义例行程序的名称

第 6 步，单击"显示例行程序"就可以进行编程了，如图 6 - 19 所示。

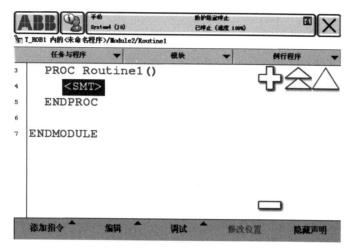

图 6 - 19　编写例行程序

第 7 步，在手动状态下，选中"＜SMT＞"为添加指令的位置，打开"添加指令"菜单，选择需要的指令进行添加，如图 6 - 20 所示。

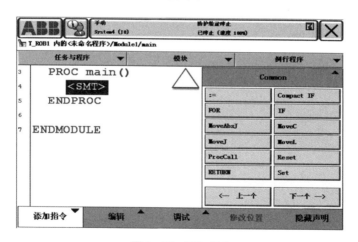

图 6 - 20　添加指令

 调试与运行

（1）调整气动部分，检查气路是否正确，气压是否合适，气缸的动作速度是否合适。

（2）检查磁性开关的安装位置是否到位，磁性开关工作是否正常。

（3）检查 I/O 接线是否正确。

（4）检查光电接近开关安装是否合理，灵敏度是否合适，保证检测的可靠性。

（5）检查机器人编程是否正确，运行位置是否合适。

问题与思考

（1）简述气动连线检查的方法、传感器接线检查的方法、I/O 检测及故障排除的方法。

（2）码垛过程中出现意外情况应如何处理？

（3）思考码垛单元可能会出现的各种问题。

项目 **7**

YL-1633B 系统联机调试

知识目标

- 掌握 YL-1633B 各工作单元的组成及功能。
- 掌握 RS485PPI 通信协议及通过向导设置通信的方法。
- 掌握 MCGS 组态软件的应用以及各种常规功能的设计方法。
- 掌握 YL-1633B 各工作单元联机 PLC 程序的设计、调试方法。
- 掌握伺服驱动器及变频器参数的功能及设置方法。
- 掌握 YL-1633B 系统联机调试的故障分析及排除方法。

能力目标

- 能够完成 YL-1633B 各工作单元的机械部分的安装与调试。
- 能够完成 YL-1633B 各工作单元的电气部分的安装与调试。
- 能够完成 YL-1633B 各工作单元的联机 PLC 控制系统的设计、安装及调试。
- 能够完成 YL-1633B 各工作单元的准确定位。
- 能够完成系统的联机调试。
- 能够调整传感器的安装位置及工作模式开关。

素质目标

- 遵循国家标准，操作规范。
- 工作细致，态度认真。
- 团结协作，有创新精神。

 项目描述

YL-1633B 系统采用每一工作单元由一台 PLC 承担控制任务，各 PLC 之间通过 RS485 串行通信实现互联的分布式控制方式。组建成网络后，系统中的每一个工作单元称作工作站。

自动化生产线的工作目标：将供料单元料仓内的工件送往加工单元的物料台，加工完成后，把加工好的工件送往装配单元的装配台，然后把装配单元料仓内的白色和黑色的小圆柱零件嵌入装配台上的工件中，再将装配完成后的成品送往分拣单元分拣输出，最后，由工业机器人取走码垛。已完成加工和装配的工件如图 7-1 所示。

图 7-1 已完成加工和装配的工件

需要完成的工作任务如下：

1. 自动化生产线设备部件安装

完成 YL-1633B 自动化生产线的供料、加工、装配、分拣、输送和码垛单元的部分装配工作，并把这些工作单元安装在 YL-1633B 的工作台面上。

YL-1633B 自动化生产线各工作单元装置部分的安装位置按照项目 5 中图 5-15 所示的要求布局。

各工作单元装置部分的装配要求如下：

（1）供料、加工和装配等工作单元的装配工作已经完成。

（2）完成分拣单元装置侧的安装和调整以及工作单元在工作台面上的定位。

（3）输送单元的直线导轨和底板组件已装配好，将该组件安装在工作台上，并完成其余部件的装配，直至完成整个工作单元装置侧的安装和调整。

2. 气路连接及调整

（1）按照前面介绍的分拣和输送单元气动系统图完成气路连接。

（2）接通气源后检查各工作单元气缸初始位置是否符合要求，如不符合应进行适当调整。

（3）完成气路调整，确保各气缸运行顺畅和平稳。

3. 电路连接及调整

根据生产线的运行要求完成分拣和输送单元的电路设计和电路连接。

（1）设计分拣单元的电气控制电路，并根据所设计的电路图连接电路。电路图应包括

PLC 的 I/O 端子分配和变频器主电路及控制电路。电路连接完成后应根据运行要求设定变频器有关参数，并现场测试旋转编码器的脉冲当量（测试 3 次取平均值，有效数字为小数点后 3 位）。将上述参数记录在提供的电路图上。

（2）设计输送单元的电气控制电路，并根据所设计的电路图连接电路。电路图应包括 PLC 的 I/O 端子分配、伺服电动机及驱动器控制电路。电路连接完成后应根据运行要求设定伺服电动机驱动器的参数，并将参数记录在提供的电路图上。

4. 各站 PLC 网络连接

该系统应采用 PPI 协议通信的分布式网络控制，并指定输送单元作为系统主站。系统主令工作信号由触摸屏人机界面提供，系统紧急停止信号由输送单元的按钮/指示灯模块的急停按钮提供。安装在工作桌面上的警示灯应能显示整个系统的主要工作状态，如复位、启动、停止、报警等。

5. 连接触摸屏并组态用户界面

触摸屏应连接到系统主站的 PLC 编程口。在 TPC7062K 人机界面上组态画面的要求：用户窗口包括主界面和欢迎界面，欢迎界面是启动界面，触摸屏上电后运行，屏幕上方的标题文字向右循环移动。触摸欢迎界面上的任意部位都将切换到主界面。

主界面组态应具有下列功能：

（1）提供系统工作方式（单站/全线）选择信号，以及系统复位、启动和停止信号。

（2）在人机界面上设定分拣单元变频器的输入运行频率（40～50Hz）。

（3）在人机界面上动态显示输送单元机械手装置当前位置（以原点为参考点，度量单位为毫米）。

（4）指示网络的运行状态（正常、故障）。

（5）指示各工作单元的运行、故障状态。故障状态包括：

1）供料单元的供料不足状态和缺料状态。

2）装配单元的供料不足状态和缺料状态。

3）输送单元抓取机械手装置越程故障（左或右极限开关动作）。

（6）指示全线运行时系统的紧急停止状态。

6. 程序编制及调试

当各工作站均处于停止状态时，各站的按钮/指示灯模块上的工作方式选择开关置于全线模式，此时若人机界面中的选择开关切换到全线运行模式，则系统进入全线运行状态。

任务 1　YL-1633B 系统联机调试的 PLC 数据规划

任务描述：亚龙 YL-1633B 的全线组态通信。

任务目标：1. 掌握 YL-1633B 的通信方式。

2. 完成 YL-1633B 通信数据规划。

任务实施：

PLC 网络的具体通信模式取决于所选厂家的 PLC 类型。对于 YL-1633B，若 PLC 选用 Smart 200 系列，通信方式则采用西门子专用 TCP/IP 通信。

TCP/IP 是 Smart 200 CPU 最基本的通信方式，通过原来自身的 LAN 端口即可实现通信，是 Smart 200 默认的通信方式。

TCP 即 TCP/IP 中的传输控制协议，提供了数据流通信，但不将数据封装成消息块，因而用户并不会接收到每一个任务的确认信号，该协议最大支持 8KB 数据传输。如果在用户程序中使能 TCP/IP 主站模式，就可以在主站程序中使用网络读写指令来读写从站信息。而从站程序没有必要使用网络读写指令。

下面以 YL-1633B 各工作站 PLC 实现以太网通信为例，说明使用 TCP/IP 实现通信的步骤。

（1）对网络上的每一台 PLC 设置其系统块中的以太网端口参数，设置后将系统块下载到该 PLC。具体操作如下：

运行个人计算机上的 STEP7 SMART V2.0 程序，打开设置端口界面，如图 7-2 所示。利用网线单独将输送单元 CPU 系统块里的 IP 地址设置为 192.168.0.1，如图 7-3 所示。

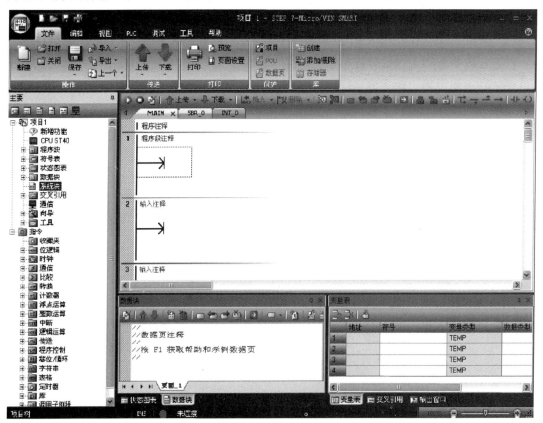

图 7-2　设置端口界面

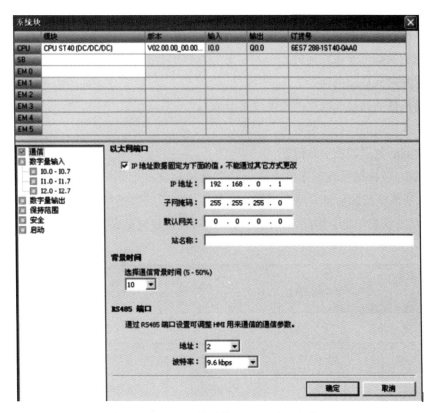

图 7 - 3　设置输送单元 PLC 端口参数

　　用同样的方法将供料单元 CPU 以太网端口的 IP 地址设置为 192.168.0.2；加工单元 CPU 以太网端口的 IP 地址设置为 192.168.0.3；装配单元 CPU 以太网端口的 IP 地址设置为 192.168.0.4；分拣单元 CPU 以太网端口的 IP 地址设置为 192.168.0.5；最后将码垛单元 CPU 以太网端口的 IP 地址设置为 192.168.0.6。分别将系统块下载到相应的 CPU 中（将个人计算机的 IP 和设备 IP 设在同一个网段中）。

　　（2）利用交换机和网线将各台 PLC 中的 LAN 连接，然后利用 STEP7 SMART V2.0 软件和网线搜索出 TCP/IP 网络的 6 个站。

　　（3）TCP/IP 网络的主站（输送站）PLC 程序中，必须在上电的第 1 个扫描周期使能其主站模式。

　　在 YL-1633B 系统中，将按钮及指示灯模块的按钮、开关信号连接到输送单元的 PLC（Smart ST40）输入口，以提供系统的主令信号。因此，在网络中输送站是指定为主站的，其余各站均指定为从站。

　　（4）编写主站网络读写程序段。

　　如前所述，在以太网网络中，只有主站程序使用网络读写指令来读写从站信息。而从站程序没有必要使用网络读写指令。

在编写主站的网络读写程序前，应预先规划好以下数据：

1）主站向各从站发送数据的长度（字节数）。

2）发送的数据位于主站何处。

3）数据发送到从站的何处。

4）主站从各从站接收数据的长度（字节数）。

5）主站从从站的何处读取数据。

6）接收到的数据放在主站何处。

以上数据，应根据系统工作要求和信息交换量等统一筹划。对于 YL-1633B 而言，各工作站 PLC 所需交换的信息量不大，主站向各从站发送的数据只是主令信号，从从站读取的也只是各从站状态信息。因此，得出的网络读写数据规划见表 7-1。

表 7-1 网络读写数据规划

输送站 1#站（主站）	供料站 2#站（从站）	加工站 3#站（从站）	装配站 4#站（从站）	分拣站 5#站（从站）
发送数据长度	2B	2B	2B	2B
从主站何处发送	VB1000	VB1000	VB1000	VB1000
发往从站何处	VB1000	VB1000	VB1000	VB1000
接收数据长度	2B	2B	2B	2B
数据来自从站何处	VB1020	VB1030	VB1040	VB1050
数据存到主站何处	VB1020	VB1030	VB1040	VB1050

网络读写指令可以向远程站发送或接收 39 字节的信息，在 CPU 内同一时间最多可以有 10 条指令被激活。YL-1633B 有 5 个从站，可以考虑同时激活 5 条网络读指令和 5 条网络写指令。

根据上述数据即可编制主站的网络读写程序。此外，还有更简便的方法，就是借助网络读写向导来编写程序，该向导可以帮助用户快捷地配置复杂的网络读写指令，为所需的功能提供一系列选项。最后，向导将为所选配置生成程序代码，并初始化指定的 PLC 为以太网主站模式，同时使能网络读写操作。

在 STEP7 SMART V2.0 软件中选择"工具"—"Get/Put"菜单命令，并且在指令向导窗口中选择"Get/Put 网络读写"，即可打开"Get/Put 向导"对话框，如图 7-4 所示。用户可在该对话框中设置网络读写操作总数、创建名称、设置要进行网络读写的个数，设置完成后，即可对每一条网络读或写指令进行详细设置。

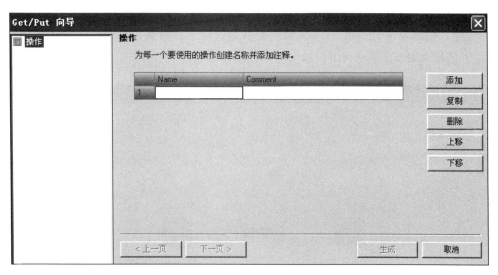

图 7 - 4 "Get/Put 向导"对话框

本例将对 10 项网络读写操作进行如下安排:

第 1~5 项为网络写操作,主站向各从站发送数据;主站读取各从站数据。第 6~10 项为网络写操作,主站读取各从站数据。如图 7 - 5 所示为第 1 项操作配置界面,选择"Put"操作,主站(输送站)向各从站发送的数据都位于主站 PLC 的 VB1000~VB1003 处,所有从站都在其 PLC 的 VB1000~VB1003 处接收数据。所以前 5 项填写都是相同的,仅站号不一样。

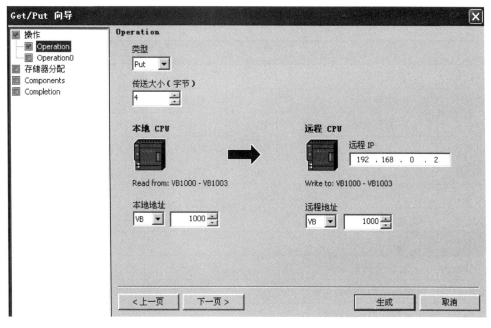

图 7 - 5 对供料单元的网络写操作配置

填写完成前 5 项数据后，单击"下一页"按钮，进入第 6 项配置，第 6～10 项都选择网络读操作，根据表 7-2～表 7-6 所列各站规划逐项填写数据，直至 10 项操作配置完成。如图 7-6 所示为对 2#从站（供料单元）的网络读操作配置。

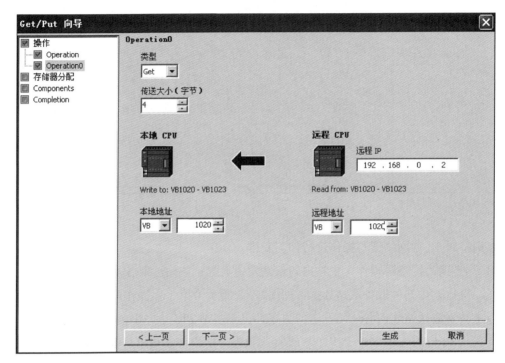

图 7-6 对供料单元的网络读操作配置

表 7-2 输送站（1#站）发送缓冲区数据位定义

输送站位地址	数据意义	供料站位地址	加工站位地址	装配站位地址	分拣站位地址
V1000.0	联机运行信号	V1000.0	V1000.0	V1000.0	V1000.0
V1000.2	急停信号	V1000.2	V1000.2	V1000.2	V1000.2
V1000.4	复位标志	V1000.4	V1000.4	V1000.4	V1000.4
V1000.5	全线复位	V1000.5	V1000.5	V1000.5	V1000.5
V1000.7	HMI 联机	V1000.7	V1000.7	V1000.7	V1000.7
V1001.2	允许供料信号	V1001.2	—	—	—
V1001.3	允许加工信号	—	V1001.3	—	—
V1001.4	允许装配信号	—	—	V1001.4	—
V1001.5	允许分拣信号	—	—	—	V1001.5
V1001.6	供料站物料不足	V1001.6	—	—	—
V1001.7	供料站物料没有	V1001.7	—	—	—
VD1002	变频器最高频率输入	—	—	—	VD1002

表 7-3 输送站接收（2#站）发送缓冲区数据位定义（数据来自供料站）

输送站位地址	供料站位地址	数据意义	备注
V1020.0	V1020.0	供料站在初始状态	—
V1020.1	V1020.1	一次推料完成	—
V1020.4	V1020.4	全线/单机方式联机信号	1＝全线，0＝单机
V1020.5	V1020.5	单站运行信号	—
V1020.6	V1020.6	物料不足	—
V1020.7	V1020.7	物料没有	—

表 7-4 输送站接收（3#站）发送缓冲区数据位定义（数据来自加工站）

输送站位地址	加工站位地址	数据意义	备注
V1030.0	V1030.0	加工站在初始状态	—
V1030.1	V1030.1	冲压完成信号	—
V1030.4	V1030.4	全线/单机方式联机信号	1＝全线，0＝单机
V1030.5	V1030.5	单站运行信号	—

表 7-5 输送站接收（4#站）发送缓冲区数据位定义（数据来自装配站）

输送站位地址	加工站位地址	数据意义	备注
V1040.0	V1040.0	装配站在初始状态	—
V1040.1	V1040.1	装配完成信号	—
V1040.4	V1040.4	全线/单机方式联机信号	1＝全线，0＝单机
V1040.5	V1040.5	单站运行信号	—
V1040.6	V1040.6	料仓物料不足	—
V1040.7	V1040.7	料仓物料没有	—

表 7-6 输送站接收（5#站）发送缓冲区数据位定义（数据来自分拣站）

输送站位地址	分拣站位地址	数据意义	备注
V1050.0	V1050.0	分拣站在初始状态	—
V1050.1	V1050.1	分拣完成信号	—
V1050.4	V1050.4	全线/单机方式联机信号	1＝全线，0＝单机
V1050.5	V1050.5	单站运行信号	—

10 项配置完成后，单击"下一页"按钮，导向要求指定一个 V 存储区的起始地址，如图 7-7 所示，以便将此配置放入 V 存储区。若在输入框中填入一个 VB 值（如 VB100）或

单击"建议"按钮，程序会建议一个大小合适且未使用的 V 存储区地址范围。

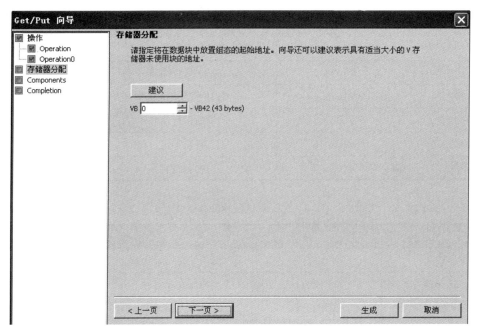

图 7-7 存储器分配

单击"下一页"按钮，全部配置完成，向导将为所选的配置生成项目组件，单击"生成"按钮即可。此时，程序编辑器窗口将增加 NET_EXE 子程序标记。

要在程序中调用上述配置，应先在主程序块中加入对子程序"NET_EXE"的调用。使用 SM0.0 在每个扫描周期内调用此子程序，即可执行配置好的网络读/写操作。子程序 NET_EXE 的调用梯形图如图 7-8 所示。

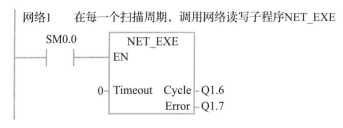

图 7-8 子程序 NET_EXE 的调用

NET_EXE 包括 Timeout、Cycle、Error 等参数，含义如下：

● Timeout：设定的通信超时时限，1～32 767s，若为 0，则不计时。

● Cycle：输出开关量，所有网络读/写操作，每完成一次即切换状态。

● Error：发生错误时报警输出。

本例中，Timeout 设定为 0，Cycle 输出到 Q1.6，故网络通信时，Q1.6 所连接的指示灯将闪烁。Error 输出到 Q1.7，发生错误时，所连接的指示灯将点亮。

任务 2 YL-1633B 系统联机调试的 PLC 程序设计

任务描述：亚龙 YL-1633B 的全线组态通信。

任务目标：1. 完成 YL-1633B 的从站控制程序编制。

2. 完成 YL-1633B 的主站控制程序编制。

任务目标：

1. 从站控制程序的编制

YL-1633B 各工作站在联机运行情况下，由于工作任务书规定的各从站工艺过程是基本固定的，因此可在单站程序的基础上修改、编制联机控制程序。下面以供料站的联机编程为例说明编程思路。

联机运行情况下，一是运行条件不同，主令信号来自系统通过网络传输的信号；二是各工作站之间通过网络不断交换信号，由此确定各站的程序流向和运行条件。对于前者，首先须明确工作站当前的工作模式，以此确定当前有效的主令信号。工作任务书明确规定了工作模式切换条件，目的是避免发生误操作，确保系统可靠运行。工作模式切换条件的逻辑判断应在主程序开始时进行，根据当前工作模式，确定当前有效的主令信号。

处理工作站之间通过网络交换信息的方法有两种：一种是直接使用网络下传的信号，同时在需要上传信息时立即在程序的相应位置插入上传信息，例如直接将系统发来的全线运行指令（V1000.0）作为联机运行的主令信号，即在供料控制子程序的最后工步，当一次推料完成，顶料气缸缩回到位时，向系统发出持续 1s 的推料完成信号，然后返回初始步，系统在接收到推料完成信号后，命令输送站机械手抓取工件。对于网络信息交换量不大的系统，上述方法是可行的。如果网络信息交换量很大，应采用另一种方法，即专门编写一个通信子程序，供主程序在每个扫描周期调用。这种方法使程序更加清晰，更具可移植性。其他从站的编程方法与供料站类似。

2. 主站控制程序的编制

输送站是 YL-1633B 系统中最重要、承担任务最繁重的工作单元之一。因此，将输送站的单站控制程序修改为联机控制程序，工作量较大。下面着重讨论编程时应注意的问题和相关编程思路。

（1）内存的配置。

为了使程序更为清晰合理，编写程序前应尽可能详细地规划需使用的内存。前面已经规划了供网络变量使用的内存，它们从 V1000 单元开始。在借助 NETR/NETW 指令向导生成网络读写子程序时，指定了需要的 V 存储区的地址范围（VB395～VB481，共占 87 字节的 V 存储区）。在借助位控向导组态 PTO 时，也要指定 V 存储区的地址范围。YL-1633B 的出厂例程指定的输出 Q0.0 的 PTO 包络表在 V 存储区的首地址为 VB524，从 VB500 至 VB523 的存储区是空的，留给位控向导生成的子程序 PTO0_CTR、PTO0_RUN

自动化生产线安装与调试

等使用。

此外，在人机界面组态中也规划了人机界面与 PLC 的连接变量的设备通道，具体见表 7-8。

表 7-7　人机界面与 PLC 的连接变量的设备通道

序号	连接变量	通道名称	序号	连接变量	通道名称
1	越程故障_输送	M0.7（只读）	14	单机/全线_供料	V1020.4（只读）
2	运行状态_输送	M1.0（只读）	15	运行状态_供料	V1020.5（只读）
3	单机/全线_输送	M3.4（只读）	16	工件不足_供料	V1020.6（只读）
4	单机/全线_全线	M3.5（只读）	17	工件没有_供料	V1020.7（只读）
5	复位按钮_全线	M6.0（只读）	18	单机/全线_加工	V1030.4（只读）
6	停止按钮_全线	M6.1（只读）	19	运行状态_加工	V1030.5（只读）
7	启动按钮_全线	M6.2（只读）	20	单机/全线_装配	V1040.4（只读）
8	方式切换_全线	M6.3（只读）	21	运行状态_装配	V1040.5（只读）
9	网络正常_全线	M7.0（只读）	22	工件不足_装配	V1040.6（只读）
10	网络故障_全线	M7.1（只读）	23	工件没有_装配	V1040.7（只读）
11	运行状态_全线	V1000.0（只读）	24	单机/全线_分拣	V1050.4（只读）
12	急停状态_输送	V1000.2（只读）	25	运行状态_分拣	V1050.5（只读）
13	输入频率_全线	VW1002（只读）	26	气爪位置_输送	VD2000（只读）

只有在配置了上面提到的存储器后，才能考虑编程所需的其他中间变量。避免非法访问内部存储器是编程时必须注意的问题。

（2）主程序结构。

由于输送站承担的任务较多，联机运行时，主程序会有较大的变动。

1）每个扫描周期，除调用 PTO0_CTR 子程序，使能 PTO 外，还须调用网络读写子程序和通信子程序。

2）完成系统工作模式的逻辑判断，除了输送站本身要处于联机方式外，所有从站都必须处于联机方式。

3）联机方式下，系统复位的主令信号由 HMI 发出。在初始状态检查中，系统准备就绪的条件除包括输送站就绪外，所有从站也应准备就绪。因此，初态检查复位子程序中，除了完成输送站初始状态检查和复位操作外，还要通过网络读取各从站准备就绪的信息。

4）总体来说，整体运行过程仍是按初态检查→准备就绪→等待启动→投入运行等阶段逐步进行的，但阶段的开始或结束的条件则发生变化。

（3）"运行控制"子程序的结构。

输送站联机的工艺过程与单站过程略有不同，需修改之处并不多，主要包括以下几点：

1）工作任务中，传送功能测试子程序在初始步就开始执行机械手向供料站出料台抓取工件的操作；而在联机方式下，初始步的操作应为通过网络向供料站请求供料，收到供料站供料完成信号后，如果没有停止指令，则转移至下一步，即抓取工件。

2）单站运行时，机械手向加工站加工台放下工件，然后等待 2s 取回工件；而在联机方式下，取回工件的条件是收到来自网络的加工完成信号。装配站的情况与此相同。

3）单站运行时，测试过程结束即退出运行状态；而在联机方式下，一个工作周期完成后，返回初始步，如果没有停止指令则开始下一个工作周期。

（4）"通信"子程序的结构。

"通信"子程序的功能包括从站报警信号处理、转发（从站间、HMI）以及向 HMI 提供输送站机械手当前位置信息。主程序在每个扫描周期都调用这一子程序。报警信号处理、转发包括以下内容：

1）将供料站"工件不足"和"工件没有"的报警信号转发至装配站，为警示灯工作提供信息。

2）处理供料站"工件没有"或装配站"零件没有"的报警信号。

3）向 HMI 提供网络正常/故障信息。

向 HMI 提供输送站机械手的当前位置信息，是通过调用 PTO0_LDPOS 装载位置子程序来实现的。

1）在每个扫描周期将由 PTO0_LDPOS 输出参数 C_Pos 报告的、以脉冲数表示的当前位置转换为长度信息（mm），转发给 HMI 的连接变量 VD2000。

2）当机械手的运动方向发生改变时，相应地改变高速计数器 HC0 的计数方式（增或减计数）。

3）每当返回原点信号被确认后，将 PTO0_LDPOS 输出参数 C_Pos 清零。

运行控制子程序流程说明如图 7-9 所示。

调试与运行

（1）调整气动部分，检查气路是否正确，气压是否合适，气缸的动作速度是否合适。

（2）检查磁性开关的安装位置是否到位，磁性开关工作是否正常。

（3）检查 I/O 接线是否正确。

（4）检查光电接近开关安装是否合理，灵敏度是否合适，保证检测的可靠性。

（5）放入工件，运行程序，观察联机调试是否满足任务要求。

（6）调试各种可能出现的情况，比如在任何情况下都有可能加入工件，要确保系统随时能够可靠工作。

（7）优化程序。

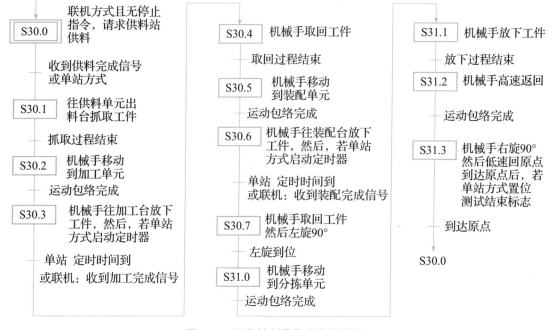

图 7-9 运行控制子程序流程说明

 问题与思考

1. TCP/IP 网络通信报错是由哪些原因造成的?

2. 简述联机调试的步骤。

3. 思考自动化生产线联机调试时可能出现的故障及解决方法。

即测即评七

YL-1633B 数字化控制技术赛项样题

数 字 化 控 制 技 术

任

务

书

（样题）

说明：

（1）机械安装、气路连接、电路接线应符合"附页1 技术操作规范"的要求。

（2）选手应根据指定的 I/O 分配表进行接线。评估时选手现场运用 PLC 编程软件的状态表在线监控功能，检查 I/O 接线的正确性，并进行单项动作的性能测试。

（3）将绘制的原理图与编制的程序保存于 D 盘中"第 X 场＊＊工位"文件夹中，其中"X"为参赛选手场次，"＊＊"为工位号，如第一场01号工位的文件夹名称为"第1场01工位"，工位号以现场抽签为准。

（4）在完成工作任务的全过程中，严格遵守电气安装和电气维修的安全操作规程。电气安装中，低压电器安装按照《电气装置安装工程低压电器施工及验收规范》（GB 50254—2014）验收。

（5）如任务书出现缺页、字迹不清等问题，请及时向裁判示意，进行任务书的更换。

（6）不得擅自更改设备已有器件位置和线路，若对现场已安装设备调试有疑问，须经设计人员（赛场评委）同意后方可修改。

（7）参赛选手在完成工作任务的过程中，不得在任何地方标注学校名称、选手姓名等信息。

（8）比赛时间为 5 小时。

一、背景

公司新进了一条用于工件装配、加工、分拣以及机器人搬运的小型智能生产线。该智能生产线由供料、输送、装配、加工、分拣和机器人码垛站构成，它们的装置侧安装在铝型材工作台面上，示意图如图 1 所示。你们作为公司的技术人员，请根据相关技术文档完成设备的组装、编程、调试，确保系统正常运行，完成客户订单。

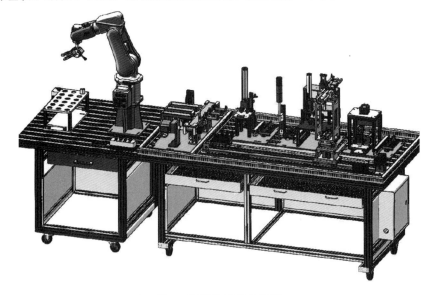

图 1 智能生产线示意图

二、智能生产线的生产目标

（1）客户通过移动终端下单，下单成功后，由生产管理系统将订单号，以及订单的产品种类、编号、槽位编号、数量下发到智能生产线系统分拣站以组织生产。

（2）供料站实现产品外壳供给，装配站进行产品装配，即将芯体小圆柱零件嵌入外壳工件；加工站进行产品的压紧操作；分拣站根据订单要求对不同的产品进行分拣；输送站则在各工作站之间搬运产品、产品外壳与芯体。

其中，工业机器人码垛站主要实现对分拣站废料槽中的废品进行搬运存储及拆解。工业机器人码垛单元有两种工作模式：

1）单机模式：当智能生产线分拣站废料槽中每推入一个废品时，技术人员按下搬运存储按钮，工业机器人接收到指令，完成码垛任务。

2）联机模式：智能生产线每产生一个废品并推入分拣废料槽后，工业机器人码垛站自动完成码垛工作。在订单生产过程中，当智能生产线处于缺料状态时，工业机器人码垛站配合输送站完成拆解供料。

（3）智能生产线按客户的订单需求，对一批黑色、白色外壳工件进行嵌入芯件装配和压紧加工，然后进行成品搭配分拣，打包成产品。将不满足订单要求的工件推入废料槽，由工业机器人自动搬运到废品存储台上。产品实物如图 2 所示。

产品1　　　产品2　　　产品3　　　产品4　　　产品5　　　产品6

图 2　产品实物

（4）订单产品说明。

各个产品编号见表 1。

表 1　产品编号

产品类型	编号	产品类型	编号
黑色外壳金属芯体	5001	白色外壳金属芯体	5004
黑色外壳黑色芯体	5002	白色外壳白色芯体	5005
黑色外壳白色芯体	5003	白色外壳黑色芯体	5006

（5）订单任务说明。

本次系统接收到的客户订单样式见表 2。5002、5005、5006 产品推入一槽，各产品个数即排产量均为 1；5001 产品推入二槽，排产量为 2。

表 2　客户订单样式

订单号					10001	
产品编号	5001	5002	5003	5004	5005	5006
排产量	2	1	0	0	1	1
槽位号	2	1	0	0	1	1

说明：（1）订单号由 ERP 软件自动生成。

（2）排产量为客户需要的产品，0 表示客户不需要该产品，在本次任务中，各类产品数量不超过 2。

（3）槽位号由客户指定，范围 0～2。当选择 0 时，表明未选择槽位，无须生产；当选择 1 时，表明选择 1 号槽位；当选择 2 时，表明选择 2 号槽位。

注意： 裁判评分下单的内容与表 2 不一定相同。

设备在工作过程中，同一订单中不同编号的产品无须按照顺序分拣，在订单未完成该产品数量之前，满足对应的槽位要求即可进行生产。在生产过程中，如果有多个订单，按订单编号由小到大的顺序，完成一个订单后再生产下一个订单。同一订单中如果有多种产品，则完成一种产品的供料、装配、加工、分拣、输送、机器人搬运存储后再开始下一种产品的生产。

三、智能生产线机械部件安装、气路连接及调整

（1）生产线的各工作站中，供料、装配、分拣的装置侧的机械装配、气路连接已经完成，请对各个站进行调节，确保其能正常投入生产。

（2）完成输送站装置侧机械装配。输送站装置侧装配效果图见"附页 2　输送单元装配图"。

（3）采用发密科软件设计输送站气路原理图并保存于 D 盘的"结果记录"文件夹中，经过仿真调试后，连接、调节输送站实物气路使其正常投入生产。

采用发密科软件设计的输送站气路原理图需达到以下要求：

1）应有电气控制回路设计，通过按钮的启停控制气缸电磁阀线圈得电与失电。以抓取机械手伸出气缸为例：仿真时，按下抓取机械手伸出气缸的启停按钮，伸出气缸线圈得电，气路图中抓取机械手伸出气缸伸出，松开抓取机械手伸出气缸启停按钮，线圈失电，抓取机械手气缸缩回。

2）气路图中每一个元件均须有明确的名称标注。

3）每个气缸线圈得电与否均由相应的电气控制回路按钮控制。

4）原理图中使用的气动元件均与实物类型相同。

（4）各个工作站的初态见表 3。

表 3　各工作站初态

工作站	初态
供料站	顶料气缸和推料气缸均缩回
加工站	伸缩气缸伸出、冲压气缸缩回、气爪张开
装配站	挡料气缸伸出、顶料气缸缩回、装配机械手的升降气缸缩回、伸缩气缸缩回、气爪松开、摆动气缸处于右限位
分拣站	推料一、二、三气缸均在缩回位置
输送站	抓取机械手：提升气缸在下降位置、手臂伸缩气缸缩回、气爪松开、手臂摆动气缸处于右限位； 拆解机械手：手臂伸缩气缸缩回、气爪松开

（5）按照"附页 3 总装平面图"的安装尺寸把各工作站安装在工作台面上，安装误差应不大于 1mm。直线运动机构的设备原点在原点传感器中心线处，供料站出料口中心线位置为工作原点。

四、智能生产线电气接线

（1）供料站、装配站、分拣站的装置侧与 PLC 侧的电气接线已经完成，请自行检查各工组站 I/O 分配以作为编程依据。

1）分拣站 PLC 选型为下述机型之一：

● 三菱 FX3U-32MR 型。

● 西门子 CPU SR40/标准型 CPU 模块，继电器输出，220V，AC 供电，24 输入/16 输出。

2）变频器采用模拟量控制。

● 使用 FX 系列时需扩展一块 FX3U-3A-ADP 特殊适配器。

● 使用 SR40 型时需扩展一块 EM AM06 模拟量模块。

（2）输送站电气接线。

1）输送站装置侧的电气接线。

请按照表 4 完成输送站的装置侧接线。

表 4　输送站装置侧的接线端口信号端子的分配

输入端口中间层			输出端口中间层		
端子号	设备符号	信号名称	端子号	设备符号	信号名称
2	BG1	原点传感器	2	PULS2（三菱）/ OPC1（西门子）	伺服电动机脉冲
3	1B1	抓取机械手抬升下限	3	SIGN2（三菱）/ OPC2（西门子）	伺服电动机方向
4	1B2	抓取机械手抬升上限	4	1Y1	提升台上升
5	2B1	抓取机械手手臂旋转左限	5	3Y1	抓取机械手摆缸左旋
6	2B2	抓取机械手手臂旋转右限	6	3Y2	抓取机械手摆缸右旋
7	3B1	抓取机械手手臂伸出到位	7	2Y1	抓取机械手气爪伸出
8	3B2	抓取机械手手臂缩回到位	8	4Y1	抓取机械手气爪夹紧
9	4B1	抓取机械手气爪夹紧到位	9	4Y2	抓取机械手气爪松开
10	SQ1_K	右限位开关开触点	10	5Y1	拆解机械手气爪伸出
11	SQ2_K	左限位开关开触点	11	6Y1	拆解机械手气爪夹紧
12	ALM+	伺服报警信号	12	6Y2	拆解机械手气爪松开
13	5B1	拆解机械手手臂伸出到位	13		
14	5B2	拆解机械手手臂缩回到位	14		
15	6B1	拆解机械手气爪夹紧到位			

注：①采用三菱 FX 系列的系统，伺服脉冲线连接到 PULS2，其方向信号线连接到 SIGN2，OPC1 和 OPC2 接 +24V。

②采用西门子系列的系统，伺服脉冲线连接到 OPC1，其方向信号线连接到 OPC2，PULS2 和 SIGN2 接 0V。

2）输送站 PLC 的选型和 PLC 侧电气接线。

①采用三菱系统时，PLC 选型为 FX3U-48MT＋FX3U-485BD。

②采用西门子 Smart 系统时，PLC 选型为 CPU ST40 标准型 CPU 模块，晶体管输出，24V，DC 供电，24 输入/16 输出。

请按照表 5 完成 PLC 侧的电气接线。

（3）加工站电气接线。

1）加工站装置侧的电气接线。

请按照表 6 完成加工站装置侧的电气接线。

表5　输送站 PLC 的 I/O 信号

输入信号				信号来源	输出信号				输出目标
输入点		信号符号	信号名称		输出点		信号符号	信号名称	
三菱	西门子				三菱	西门子			
X000	I0.0	BG1	原点传感器	输送站装置侧端口	Y000	Q0.0	PULS2	伺服电动机脉冲	输送站装置侧端口
X001	I0.1	SQ1_K	右限位保护		Y001	Q0.1			
X002	I0.2	SQ2_K	左限位保护		Y002	Q0.2	SIGN2	伺服电动机方向	
X003	I0.3	1B1	抬升下限 / 抓取机械手		Y003	Q0.3	1Y1	提升台上升	
X004	I0.4	1B2	抬升上限		Y004	Q0.4	3Y1	摆缸左旋 / 抓取机械手	
X005	I0.5	2B1	旋转左限		Y005	Q0.5	3Y2	摆缸右旋	
X006	I0.6	2B2	旋转右限		Y006	Q0.6	2Y1	气爪伸出	
X007	I0.7	3B1	伸出到位		Y007	Q0.7	4Y1	气爪夹紧	
X010	I1.0	3B2	缩回到位		Y010	Q1.0	4Y2	气爪松开	
X011	I1.1	4B1	夹紧到位		Y011	Q1.1	5Y1	气爪伸出 / 拆解机械手	
X012	I1.2	5B1	伸出到位 / 拆解机械手		Y012	Q1.2	6Y1	气爪夹紧	
X013	I1.3	5B2	缩回到位		Y013	Q1.3	6Y2	气爪松开	
X014	I1.4	6B1	夹紧到位		Y014	Q1.4	HL1	黄色指示灯	指示灯模块
X015	I1.5	ALM+	伺服报警输入		Y015	Q1.5	Q1.6	绿色指示灯	
X016	I1.6	SB1	测试按钮1	按钮模块	Y016	Q1.6	Q1.5	红色指示灯	
X017	I1.7	SB2	测试按钮2						
X020	I2.0	QS	急停按钮						
X021	I2.1	SA	工作模式选择						

表6　加工站装置侧的接线端口信号端子的分配

输入端口中间层			输出端口中间层		
端子号	设备符号	信号线	端子号	设备符号	信号线
2	BG1	加工台物料检测	2	3Y	夹紧电磁阀
3	3B2	工件夹紧检测	3		
4	2B2	加工台伸出到位	4	2Y	伸缩电磁阀
5	2B1	加工台缩回到位	5	1Y	冲压电磁阀
6	1B1	加工压头上限	6		
7	1B2	加工压头下限	7		
8	8#~17#端子没有连接		8	6#~14#端子没有连接	

2）加工站 PLC 的选型和 PLC 侧电气接线。

①采用三菱系统时，PLC 选型为 FX3U-32MR＋FX3U-485BD，共 16 点输入和 16 点继电器输出。

②采用西门子 Smart 系统时，PLC 选型为 CPU SR40/标准型 CPU 模块，继电器输出，220V，AC 供电，24 输入/16 输出。

请按照表 7 完成 PLC 侧的电气接线。

表 7　加工站 PLC 的 I/O 信号

输入信号					输出信号				
输入点		信号符号	信号名称	信号来源	输出点		信号符号	信号名称	输出目标
三菱	西门子				三菱	西门子			
X000	I0.0	BG1	加工台物料检测	加工站装置侧端口	Y000	Q0.0	3Y	夹紧电磁阀	加工站装置侧端口
X001	I0.1	3B2	工件夹紧检测		Y001	Q0.1			
X002	I0.2	2B2	加工台伸出到位		Y002	Q0.2	2Y	伸缩电磁阀	
X003	I0.3	2B1	加工台缩回到位		Y003	Q0.3	1Y	冲压电磁阀	
X004	I0.4	1B1	加工压头上限		Y004	Q0.4			
X005	I0.5	1B2	加工压头下限		Y005	Q0.5			
X006	I0.6				Y006	Q0.6			
X007	I0.7				Y007	Q0.7	HL1	黄色指示灯	指示灯模块
X010	I1.0				Y010	Q1.0	HL2	绿色指示灯	
X011	I1.1				Y011	Q1.1	HL3	红色指示灯	
X012	I1.2	SB1	绿色按钮	按钮模块	Y012	Q1.2			
X013	I1.3	SB2	红色按钮		Y013	Q1.3			
X014	I1.4	QS	急停按钮		Y014	Q1.4			
X015	I1.5	SA	工作模式选择		Y015	Q1.5			

（4）工业机器人码垛站接线与示教。

1）工业机器人为 FANUC，I/O 分配见表 8、表 9，请以此作为程序改造依据。

表 8　S7-200SMART＋FANUC 工业机器人 I/O 定义

序号	PLC 输出	工业机器人输入	注释	工业机器人输出	PLC 输入	注释
1	Q0.0	DI101		/	I0.0	
2	Q0.1	DI102		/	I0.1	
3	Q0.2	DI103		/	I0.2	搬运存储按钮

续表

序号	PLC 输出	工业机器人输入	注释	工业机器人输出	PLC 输入	注释
4	Q0.3	DI104	程序跳转	DO101	I0.3	机器人夹料完成
5	Q0.4	DI105	系统缺料	DO102	I0.4	机器人复位完成
6	Q0.5	DI106	上机械手夹取机器人传送工件完成	DO103	I0.5	机器人夹取外壳工件完成
7	Q0.6	XHOLD	暂停信号	DO104	I0.6	机器人吸料完成
8	Q0.7	RESET	报警解除信号	DO105	I0.7	拆解完成信号
9	Q1.0	START	启动信号	DO106	I1.0	机器人放下拆解物料
10	Q1.1	ENBL	允许机器人动作信号	DO107		吸盘电磁阀
11	Q1.2	PNS1	程序号码选择		I2.4	停止按钮
12	Q1.5	/	黄色指示灯		I2.5	启动按钮
13	Q1.6	/	绿色指示灯		I2.6	急停按钮
14	Q1.7	/	红色指示灯		I2.7	转换开关

表 9　FX＋FANUC 工业机器人 I/O 定义

序号	PLC 输出	工业机器人输入	注释	工业机器人输出	PLC 输入	注释
1	Y00	DI101		/	X00	
2	Y01	DI102		/	X01	
3	Y02	DI103		/	X02	搬运存储按钮
4	Y03	DI104	程序跳转	DO101	X03	机器人夹料完成
5	Y04	DI105	系统缺料	DO102	X04	机器人复位完成
6	Y05	DI106	上机械手夹取机器人传送工件完成	DO103	X05	机器人夹取外壳工件完成
7	Y06	XHOLD	暂停信号	DO104	X06	机器人吸料完成
8	Y07	RESET	报警解除信号	DO105	X07	拆解完成信号
9	Y10	START	启动信号	DO106	X10	机器人放下拆解物料
10	Y11	ENBL	允许机器人动作信号	DO107		吸盘电磁阀
11	Y12	PNS1	程序号码选择		X11	停止按钮
12	Y15	/	黄色指示灯		X12	启动按钮
13	Y16	/	绿色指示灯		X13	急停按钮
14	Y17	/	红色指示灯		X14	转换开关

2）工业机器人码垛站的机械部件安装、气路连接、部分电气连接任务已经完成，尚需对工业机器人的程序进行编写并示教，具体要求如下：

①编写工业机器人站机械手抓取分拣站废料槽（第三槽）废料并摆放到废料盘码垛位置及废品拆解的程序。

②由于工业机器人站需与输送站拆解机械手配合完成废品的拆解供料，请根据设备的实际情况进行示教（输送站拆解机械手处于伸出状态）：

● 确保拆解机械手准确无误地抓取机器人吸盘上的芯体。

● 输送站将拆解的芯体放至装配站后，尚需抓取机器人站拆解后的外壳并送往供料站，请根据设备的实际情况示教此抓取坐标，确保拆解机械手准确无误地抓取机器人气爪中的外壳。

五、参数设置

（1）输送站伺服参数设置。

根据订单要求，设置松下 A6 伺服驱动器的参数，使输送站能正常投入运行。

（2）分拣站变频器参数设置。

根据订单要求，设定变频器有关参数，要求斜坡下降时间或减速时间参数不小于 0.8s。

六、智能生产线软件设计与调试

1. 单站控制

（1）供料站控制流程见表 10。

表 10　供料站控制流程

步序	控制流程
1	供料站启动前检查就绪状态。当供料站准备就绪时，HL1 常亮，否则以 1Hz 频率闪烁。 供料站准备就绪： ①SA 开关扳到断开位置（扳向左边）； ②供料气缸满足初态； ③料台上无工件； ④料仓内有足够数量的工件
2	供料准备就绪时，按下按钮 SB1，供料站进入运行状态，HL1 熄灭，HL3 常亮，供料站开始供料，料台工件被取走后继续供料
3	运行过程中出现料不足时继续工作，此时 HL2 亮 1s，灭 0.5s
4	系统推完最后一个料，此时料仓缺料，HL2 以 2Hz 频率闪烁。料台工件被取走后，HL2、HL3 熄灭，系统停止工作

续表

步序	控制流程
5	在运行过程中再次按下按钮 SB1 时，供料站执行完当前流程。料台工件被取走后，HL2、HL3 熄灭，系统停止工作
6	当系统停止工作时，除非供料站满足初态，否则工作站不能再启动

（2）加工站控制流程见表 11。

表 11 加工站控制流程

步序	控制流程
1	当加工站准备就绪时，HL1 常亮，否则以 1Hz 频率闪烁。 加工站准备就绪： ①SA 开关扳到断开位置（扳向左边）； ②加工气缸满足初态； ③加工台上无工件
2	当加工站准备就绪，按下启动按钮，加工站进入运行状态，HL1 熄灭，HL2 常亮。当加工台上检测有待加工工件时，加工站完成加工流程
3	当已加工工件被取走后，若再次检测到料台上有工件待加工，则加工站继续执行加工流程，如此往复
4	按下停止按钮，加工站执行完当前流程且工件被取走后即停止运行，HL2 熄灭
5	加工站停止运行时，除非加工站满足初态，否则工作站不能再次启动

（3）装配站控制流程见表 12。

表 12 装配站控制流程

步序	控制流程
1	装配站准备就绪后，HL1 常亮，否则以 1Hz 频率闪烁； 装配站准备就绪是指： ①SA 开关扳到断开位置（扳向左边）； ②装配站气缸满足初态； ③装配台上无工件； ④料仓内有足够的工件
2	装配站准备就绪后，按下启动按钮，装配站进入运行状态，HL1 熄灭，HL2 常亮
3	如果回转台上的左料盘内没有芯件，就执行下料操作；如果左料盘内有芯件，而右料盘内没有芯件，则执行回转台回转操作；当装配台上有待装配工件且右料盘有芯件时，装配站完成工件装配流程

自动化生产线安装与调试

续表

步序	控制流程
4	运行过程中出现料不足时继续工作，HL3 指示灯点亮
5	当料仓内只有一个工件时，HL3 以 1Hz 频率闪烁，顶料气缸无须工作，直接通过挡料气缸的工作完成芯件供料
6	装配站缺料时（料仓与摆台均无工件），HL3 以 2Hz 频率闪烁，当已装配工件被取走后，装配站停止运行，HL2、HL3 熄灭
7	按下停止按钮，装配站执行完当前流程且工件被取走后即停止运行，HL2、HL3 熄灭
8	装配站停止运行时，除非向料仓补充足够的芯件，否则工作站不能再次启动

（4）分拣站控制流程见表 13。

表 13　分拣站控制流程

步序	控制流程

说明：智能生产线订单系统说明详见附页 4，需要强调的是订单只有客户可以取消，且订单执行过程中不可取消。若在订单执行之前取消订单，则订单状态会自动显示"取消生产"

1	分拣站准备就绪后，HL1 常亮，否则以 1Hz 频率闪烁； 分拣站准备就绪是指： ①SA 开关扳到断开位置（扳向左边）； ②分拣站气缸满足初态； ③分拣站入料口无工件； ④传送带电动机处于停止状态
2	领取订单 1 并下载订单后： MES 系统界面设备状态区显示：工位号、系统就绪信息（若分拣已就绪，则显示"已就绪"，否则显示"未就绪"）、系统运行/停止状态显示（系统停止时显示"停止"，系统运行则显示"运行"）
3	MES 系统订单状态初始显示"空订单"，当订单的排产量、槽位号均按照订单要求设置完成后，MES 系统订单状态显示"等待生产"
4	若订单状态显示为"空订单"时，分拣系统不予运行
5	当分拣就绪且订单状态为"等待生产"时，按下启动按钮，分拣站进入运行状态，HL1 熄灭，HL2 点亮，MES 系统订单状态显示"正在生产"
6	MES 系统实时显示当前的订单号与产品号。未检测出产品类型时，当前产品号为 0

续表

步序	控制流程
7	A：若入料口检测到有工件放下，1.5s 后，启动传送带电动机，变频器以 35Hz 频率运行，开始分拣进程。（入料口进料由人工放置，放置时须确保料槽 3 无废品）
8	分拣时，按照订单要求将相应的工件推入相应的料槽中，不满足订单要求的工件视作废料，推入废料槽即第三个槽中。每推入一个废料工件，人工操作机器人站取走
9	如果确定某工件将被推入料槽，则该工件应在到达该料槽中心位置时停止，由该料槽的推杆推入槽内（以不产生撞击为准）
10	各产品已产量可在 MES 系统界面实时显示
11	工件被推入某一料槽后，本次分拣进程结束
12	分拣运行过程中，按下 QS 开关，分拣站处于暂停状态，分拣站完成当前分拣流程后暂停运行；松开 QS 开关，分拣站继续运行未完成订单
13	若订单没有完成，则返回流程 A。若上一个被分拣工件为废品，则必须保证分拣站进料时料槽 3 的废品工件已被机器人取出
14	完成订单任务后，分拣站停止运行，HL2 熄灭。MES 系统订单状态显示"生产完毕"

（5）输送站控制流程见表 14。

表 14　输送站控制流程

步序	控制流程
	准备工作：将输送站移到中间位置后上电、上气
1	输送站准备就绪后，HL1 常亮，否则以 1Hz 频率闪烁； 输送站准备就绪是指： ①SA 开关扳到断开位置（扳向左边）； ②气缸满足初态； ③直线运动机构位于工作原点，即供料站出料口中心线处
2	按下 QS 开关，进入拆解机械手单机测试状态，HL1 点亮
3	按下启动按钮，拆解机械手伸出；再次按下启动按钮，拆解机械手夹紧；再次按下启动按钮，拆解机械手缩回；再次按下启动按钮，拆解机械手松开
4	拆解机械手测试完毕后，松开 QS 开关，此时 HL1 熄灭，进入抓取机械手单机测试状态
5	按下启动按钮，HL2 以 1Hz 频率闪烁，输送站机械手气缸复位，当输送站机械手气缸满足初态时，输送站复位，返回工作原点，HL2 长亮

续表

步序	控制流程
6	输送站准备就绪后，按下停止按钮，HL3点亮，输送站抓取供料台上的工件，运行至装配站前方放料至装配台，2s后抓取工件，行至加工站前方放料至加工台，2s后抓取工件至分拣站，气缸左摆，将工件放于分拣站入料口后气缸缩回，右摆
7	输送站抓取机械手部分单机测试完成，HL2、HL3熄灭
8	当输送站在运行过程中出现越程故障时，可通过将伺服驱动器断电重启来消除越程故障；若系统判定为越程误操作，故障消除后输送站继续执行当前流程；若判定为越程操作，系统将停止运行

（6）工业机器人码垛站控制。

1）工业机器人码垛单元工作准备流程见表15。

表 15　工业机器人码垛单元工作准备流程

步序	工作准备流程
1	将工业机器人设置在自动运行状态
2	将按钮指示灯上的旋转开关旋至单机运行状态（SA断开位置）
3	工业机器人码垛单元复位：按下按钮指示灯模块上的绿色按钮后，工业机器人开始复位，同时黄色指示灯闪烁，复位完成后黄色指示灯常亮（初始位置请在工业机器人中标定，标定位置应在安全范围内）
4	工业机器人完成复位后，绿色指示灯常亮

2）工业机器人码垛控制流程见表16。

表 16　工业机器人码垛控制流程

步序	控制流程
1	工业机器人准备就绪，分拣单元完成单个废品的分拣，按下工业机器人搬运存储按钮，即可将废料搬运存储至机器人站废料料盘上
2	单个废品码垛完成后，工业机器人回到初始位置

3）工业机器人码垛单元紧急情况处理流程见表17。

表 17　工业机器人码垛单元紧急情况处理流程

步序	紧急情况处理流程
1	紧急情况下，按下桌面上的急停按钮，工业机器人会立即停止运行
2	按下按钮指示灯上的红色按钮，工业机器人停止运行

2. 联机控制

（1）主流程见表 18。

表 18　主流程

步序	主流程
	准备工作： （1）将输送站移到中间位置后上电、上气； （2）清除各个工作站上的工件； （3）智能生产线订单系统说明详见附页 4
1	当各个工作站处于接通位置、系统处于联机模式时，按下分拣站启动按钮，输送站机械手气缸复位，此时若输送站机械手气缸满足初态，则输送站返回工作原点
2	当系统准备就绪时，红警示灯常亮，否则以 1Hz 频率闪烁； 系统准备就绪是指： ①各工作站（含机器人站）开关扳到接通位置（扳向右边）； ②供料站两气缸在初始位置，出料台没有工件，料仓工件充足； ③加工站各气缸在初始位置，加工台上没有工件； ④输送站各气缸在初始位置，机械手装置位于工作原点； ⑤装配站处于初始状态，即各气缸在初始位置，料仓有足够芯件，转盘上没有工件，转盘处于水平位置； ⑥分拣站处于初始状态，即各气缸在初始位置，传送带驱动电动机停止状态，进料口上没有工件； ⑦机器人站复位完成
3	MES 系统界面设备状态区显示如下信息： ①工位号； ②系统就绪（若系统已就绪则显示"已就绪"，否则显示"未就绪"）； ③供料站供料状态（根据供料站实际情况显示"料充足"、"料不足"或"缺料"）； ④装配站供料状态（根据装配站实际情况显示"料充足"、"料不足"或"缺料"），装配站缺料是指缺料检测传感器动作，回转台左、右料盘均没有芯件； ⑤系统通信状态（根据系统通信实际情况显示"通信故障"或"通信异常"）； ⑥系统运行/停止状态显示：系统停止时显示"停止"，系统运行时显示"运行"
4	当系统就绪且订单 2 状态为"等待生产"时，按下分拣站的停止按钮，系统启动，开始运行
5	主流程 A：系统启动后，向供料站发送请求供料信号，此时 MES 系统界面的系统运行状态显示"运行"，绿警示灯常亮，红警示灯熄灭。MES 系统界面订单状态显示"正在生产"，并显示当前的订单号
6	运行过程中，出现供料不足或装配料不足的情况时，橙色警示灯以 1Hz 频率闪烁，出现缺料的情况时以 2Hz 频率闪烁

续表

步序	主流程
7	供料站接收到请求供料信号后开始供料
8	供料站供料完成后，发送供料完成信号，输送站抓取机械手抓取工件
9	抓料完成后，输送站行至装配站，运动速度为300mm/s
10	到达装配站后，机械手将工件放在装配台上，并发送请求装配信号
11	接收到请求装配信号后，装配站检测到装配台上有待装配工件，开始装配
12	装配完成后，发送装配完成信号，输送站抓取机械手抓取工件
13	抓料完成后，输送站行至加工站，运动速度为300mm/s
14	到达加工站后，机械手将工件放在加工台上，发送请求加工信号
15	接收到请求加工信号后，加工站检测到待加工工件，进行工件压紧操作
16	加工完成后，发送加工完成信号，输送站抓取机械手抓取工件
17	抓料完成后，输送站行至分拣站，运动速度为300mm/s
18	到达分拣站后，机械手左摆，若分拣站允许分拣，则放料于分拣站入料口，并发送请求分拣信号，返回供料站前方
19	分拣站接收到请求分拣信号后，若入料口检测到有待分拣工件，则按照订单要求进行分拣，电动机以20Hz频率运行，将工件推入相应的料槽中。不满足订单要求的工件视作废料，推入废料槽即第三槽中。废料槽每次收集一个工件，便向机器人站发出"废品分拣完成"信号，由机器人取出入库
20	如果确定某工件将被推入料槽，则该工件应在到达该料槽中心位置时停止，由该料槽的推杆推入槽内（以不产生撞击为准）
21	MES系统实时显示当前产品编号。未检测出当前产品类型时，产品编号为0
22	各产品的已产量在MES系统界面实时显示
23	工件被推入某一料槽后，本次分拣进程结束。若为废品工件，则在机器人站完成废品搬运存储功能后，本次分拣进程结束
24	若订单尚未完成，则返回控制流程A
25	若订单已完成，系统停止运行。MES系统界面订单状态显示"生产完毕"，绿色警示灯熄灭

续表

步序	主流程
26	运行过程中按下分拣站的 QS 按钮，系统暂停运行，绿色警示灯以 1Hz 频率闪烁，松开 QS 按钮，系统继续以当前状态运行，绿色警示灯常亮
27	当输送站在运行过程中出现越程故障时，系统停止运行，MES 系统界面显示"越程"，并将伺服驱动器断电重启以消除越程故障，故障消除后，显示"未越程"。若判定为越程误操作，故障消除后输送站继续进行当前的流程；若判定为越程操作，系统将停止运行
28	运行过程中出现缺料的情况时，系统执行完当前产品流程后返回工作原点，若废料存储台上有待拆解的废料，则进入拆解过程，执行"输送站拆解供料流程"F1-F8
29	运行过程中出现缺料的情况时，系统执行完当前产品流程后返回工作原点，若废料存储台上没有待拆解的废料，则系统处于暂停状态，料充足后继续运行

（2）输送站拆解供料流程见表 19。

表 19　输送站拆解供料流程

步序	拆解供料流程
1	拆解供料流程 B：输送站接收到"机器人吸料完成"信号后，拆解机械手伸出，夹取废料工件芯体后向机器人站发送"拆解机械手抓料完成"信号，等待机器人吸盘松开
2	输送站接收到"机器人放下拆解物料"信号后，拆解机械手缩回到位，并将拆解的芯体加料至装配站料仓后返回工作原点
3	若废品芯体未拆解完毕，则返回拆解供料流程 B
4	若废品拆解完毕，则开始废品工件外壳供料
5	拆解供料流程 C：输送站接收到"机器人夹取外壳工件完成"信号后，拆解机械手伸出，夹取废料外壳工件并向机器人站发送"拆解机械手抓料完成"信号，等待机器人气爪松开
6	输送站接收到"机器人放下拆解物料"信号后，拆解机械手缩回到位，并将拆解的外壳工件加料至供料站料仓后返回工作原点
7	若废料外壳工件未加料完毕，未接收到"拆解完成信号"，则返回拆解供料流程 C
8	若废料外壳工件加料完毕，接收到"拆解完成信号"，则返回主流程 A 继续运行

（3）工业机器人码垛站联机运行。

1）工作准备流程见表 20。

表 20　工作准备流程

步序	准备流程
1	将工业机器人设置在自动运行状态
2	按钮指示灯单元上的旋转开关旋至联机状态（SA 接通位置）
3	工业机器人码垛单元复位：按下按钮指示灯模块上的绿色按钮后，工业机器人开始复位，同时黄色指示灯闪烁，复位完成后黄色指示灯常亮（初始位置请在工业机器人中标定，标定位置应在安全范围内）
4	工业机器人完成复位工作以后，绿灯常亮，并发出机器人站准备就绪信号

2）码垛流程见表21。

表 21　码垛流程

步序	码垛流程
1	码垛流程 A：工业机器人准备就绪，当接收到分拣站发出的"废品分拣完成"信号后，抓取废料并将其放置在废料盘上。废品在料盘上的摆放顺序与提供的程序相同，无须更改
2	机器人完成一次抓取废料后，发送"机器人夹料完成"信号，此信号为 ON，持续时间 1s，此时废料槽中无废料
3	单个废品码垛完成后，机器人回到初始位置
4	若系统未缺料，返回码垛流程 A；若系统缺料，机器人站接收到缺料信号后进入无人值守工作状态
5	码垛流程 B：机器人站运行至待拆解工件的拆解位置，吸取废品芯体，运行至拆解位置（输送站处于工作原点），并向系统发出"机器人吸料完成"信号
6	输送站接收到此信号后，拆解机械手伸出，夹取废品芯体并向机器人站发送"拆解机械手抓料完成"信号
7	机器人站接收到此信号后，吸盘电磁阀松开，并向系统发出"机器人放下拆解物料"信号，返回机器人站工作原点
8	输送站接收到此信号后，拆解机械手伸出，夹取废品芯体缩回到位，并将拆解的芯体加料至装配站料仓后返回工作原点
9	若废料芯体未拆解完，则返回码垛流程 B。若已拆解完，则开始废品外壳供料
10	码垛流程 C：机器人站夹取已拆解的工件外壳，运行至拆解位置（输送站处于工作原点），并向系统发出"机器人夹取工件外壳完成"信号

续表

步序	码垛流程
11	输送站接收到此信号后，拆解机械手伸出，夹取废料外壳并向机器人站发送"拆解机械手抓料完成"信号
12	机器人站接收到此信号后，气爪松开，并向系统发出"机器人放下拆解物料"信号
13	输送站接收到此信号后，拆解机械手夹取废料外壳缩回到位，并将拆解的工件外壳加料至供料站料仓且返回工作原点
14	若废料外壳未抓取完毕，则返回码垛流程 C
15	若废料外壳抓取完毕，则机器人回到初始位置，并发送"拆解完成信号"，然后返回码垛流程 A

3）工业机器人码垛单元紧急情况处理流程见表 22。

表 22　工业机器人码垛单元紧急情况处理流程

步序	紧急情况处理流程
1	紧急情况下，按下桌面上的急停按钮可使机器人立即停止
2	按下按钮指示灯上的红色按钮，机器人停止运行

技术操作规范

本规范参照"世界技能大赛机电一体化项目专业技术规范 2015 Ver. 4.1b"编写。

机械部分：

规范编号	说明	规范	不规范
M-10	型材板上的电缆和气管必须分开绑扎。当电缆、光纤电缆和气管都作用于同一个活动模块时，允许绑扎在一起		（不在同一移动模块上的电缆和气管不能绑扎在一起）

续表

规范编号	说明	规范	不规范
M-20	扎带切割后剩余长度需≤1mm，以免伤人		
M-21	软线缆或拖链的输入和输出端需要用扎带固定		
M-60	所有活动件和工件在运动时不得发生碰撞		评估时在电缆之间或工件之间有碰撞
M-70	工具、零部件、垃圾、下脚料或其他碎屑等不得遗留到站上或工作区域地面上		

续表

规范编号	说明	规范	不规范
M-90	所有系统组件和模块必须固定好。所有信号终端也必须固定好		
M-100	不得丢失或损坏任何零部件或组件（包括电缆、线路等）		
M-140	所有型材末端必须安装盖子		
M-160	经过铝型材台面的所有电缆、气管和电线都必须使用线缆托架（线夹子）进行固定。例如，未进入线槽而露在安装台台面的导线，应使用线夹子固定在台面上或部件的支架上，不能直接塞入铝合金型材的安装槽内；气源组件与电磁阀组之间的连接气管应使用线夹子固定在安装台台面上；引入安装台的气管，应先固定在台面上，然后与气源组件的进气接口连接		

续表

规范编号	说明	规范	不规范
M-180	螺钉头不得有损坏，并且螺钉任何部分都不得留有工具损坏的痕迹		
M-211a	安装地板需固定且必须用垫片		
M-210	安装尺寸符合图纸要求		

电气部分：

规范编号	说明	规范	不规范
E-10	冷压端子处不能看到外露的裸线		
E-20	将冷压端子插到终端模块中。按钮指示灯模块处例外		

续表

规范编号	说明	规范	不规范
E-30	所有螺钉终端处接入的线缆必须使用绝缘冷压端子		
E-60	线槽必须全部合实，所有槽齿必须盖严		
E-80	不得损坏线缆绝缘层，并且裸线不得外露		
E-90	线、管需要剪到合适长度，并且线、管圈不得伸到线槽外		

续表

规范编号	说明	规范	不规范
E-110	线槽和接线终端之间的导线不能交叉。组件上方不得走线		
E-120	电线中不用的松线必须绑到线上，并且长度必须剪到和使用的电线的长度一样。必须保留绝缘层，以防发生触点闭合		
E-130	PLC 引线应连接到相应的 PLC 侧端口，通过 syslink 电缆与装置侧端口连接		
E-131a	变频器主电路布线与控制电路应有足够的距离，交流电动机的电源线不能放入信号线的线槽		

续表

规范编号	说明	规范	不规范
E-132a	光纤导线的转弯半径＞25mm		

气动部分：

规范编号	说明	规范	不规范
P-10	不得因为气管折弯、缠绕、扎带太紧等原因造成气流受阻		
P-20	气管不得从线槽中穿过（气管不可放入线槽内）		
P-30	所有的气动连接处不得发生泄漏		

安全部分：

规范编号	说明	规范	不规范
S-10	带电插拔工作站上的 syslink 电缆、电线将被禁止		
S-20	不允许用短接线带电测试		
S-30	插拔气管必须在泄压情况下进行		

输送单元装配图

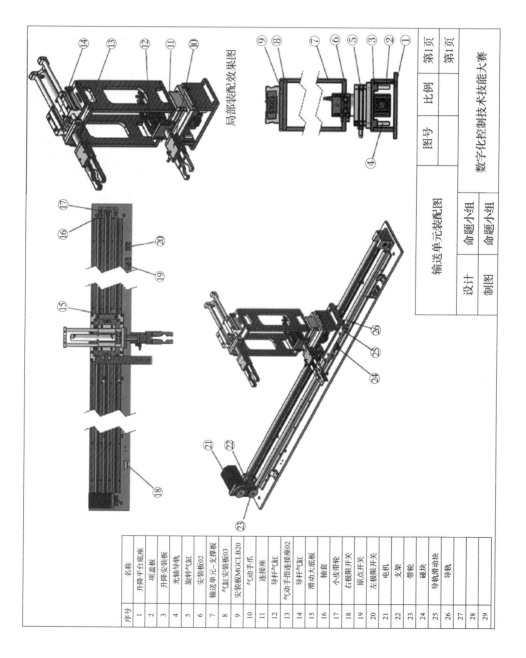

序号	名称
1	升降平台底座
2	顶盖板
3	升降安装板
4	光轴导轨
5	旋转气缸
6	安装板02
7	输送单元-支撑板
8	气缸安装板03
9	安装板MGCLB20
10	气动手爪
11	连接座
12	导杆气缸
13	气动手指连接座02
14	导杆气缸
15	滑动大底板
16	轴套
17	小皮带轮
18	右极限开关
19	原点开关
20	左极限开关
21	电机
22	支架
23	带轮
24	键块
25	导轨滑动块
26	导轨
27	
28	
29	

局部装配效果图

	图号		比例		第1页
					第1页

输送单元装配图 | 命题小组 | 命题小组

设计 | 制图

数字化控制技术技能大赛

总装平面图

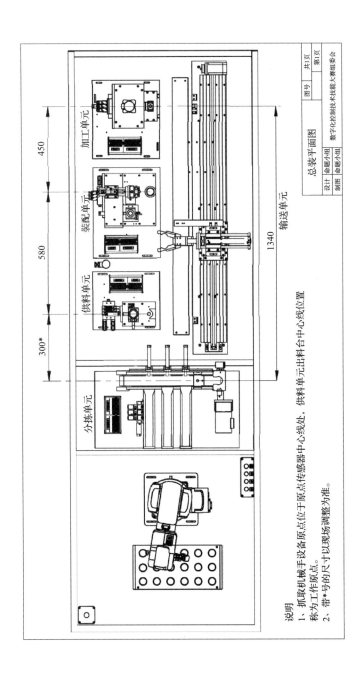

说明
1. 抓取机械手设备原点位于原点传感器中心线处，供料单元出料台中心线位置称为工作原点。
2. 带*号的尺寸以现场调整为准。

附页 4

智能生产线订单系统说明

一、订单系统说明

工厂中多台智能制造单元通过交换机与服务器组成一个局域网，如下图所示。该系统中，各种设备的基本功能如下：

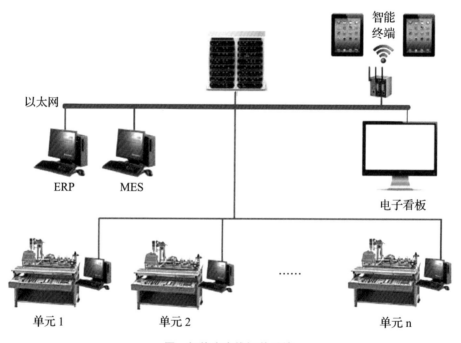

图 智能生产线订单系统

（1）智能终端：可实现生产订单的设置和生产任务的查询。

（2）ERP 和 MES 系统：根据智能终端生成的订单下发生产任务给智能制造单元；收集智能制造单元生产任务的执行情况。

（3）电子看板：用于观察智能制造系统各单元的工作状态。

（4）智能制造单元：根据服务器下发的生产任务，将原料加工为产品，将生产过程的数据和设备工况上传给服务器。每个制造单元旁均配置一台计算机，该计算机用于实现和服务器及控制 PLC 通信。

二、订单系统地址规划

1. 设备状态　寄存器

序号	寄存器定义	地址规划		备注
		三菱	西门子 S7-200/SMART	
1	设备工位号	D400	VW400	
2	系统就绪	D401	VW402	0：未知 1：未就绪 2：就绪
3	系统运行/停止	D402	VW404	0：未知 1：停止 2：运行
4	供料站供料状态	D403	VW406	0：未知 1：料充足 2：料不足 3：缺料
5	装配站供料状态	D404	VW408	0：未知 1：料充足 2：料不足 3：缺料
6	输送越程故障	D405	VW410	0：未知 1：未越程 2：越程
7	系统通信	D406	VW412	0：未知 1：通信故障 2：通信正常
8	备用寄存器	D407	VW414	

2. 当前订单　寄存器

序号	寄存器定义	地址规划	
		三菱	西门子 S7-200/SMART
1	当前订单编号	D408	VW416
2	当前产品编号	D409	VW418
3	备用寄存器	D410	VW420

3. 订单 1　寄存器

序号	寄存器定义	地址规划		备注
		三菱	西门子 S7-200/SMART	
1	订单 1 编号	D411	VW422	编号值 10001
2	订单 1 状态	D412	VW424	0：空订单 1：等待生产 2：正在生产 3：取消生产 4：生产完毕
3	订单 1 收发状态	D413	VW426	0：未接收 1：已接收
4	5001 产品编号	D414	VW428	编号值 5001
5	5002 产品编号	D415	VW430	编号值 5002
6	5003 产品编号	D416	VW432	编号值 5003
7	5004 产品编号	D417	VW434	编号值 5004
8	5005 产品编号	D418	VW436	编号值 5005
9	5006 产品编号	D419	VW438	编号值 5006
10	5001 产品槽位号	D420	VW440	0：未选择槽位 1：槽位 1 2：槽位 2
11	5002 产品槽位号	D421	VW442	
12	5003 产品槽位号	D422	VW444	
13	5004 产品槽位号	D423	VW446	
14	5005 产品槽位号	D424	VW448	
15	5006 产品槽位号	D425	VW450	
16	5001 产品排产量	D426	VW452	范围：0～2（当排产量为 0 时，表明客户未选择该产品）
17	5002 产品排产量	D427	VW454	
18	5003 产品排产量	D428	VW456	
19	5004 产品排产量	D429	VW458	
20	5005 产品排产量	D430	VW460	
21	5006 产品排产量	D431	VW462	
22	5001 产品已产量	D432	VW464	
23	5002 产品已产量	D433	VW466	
24	5003 产品已产量	D434	VW468	

续表

序号	寄存器定义	地址规划		备注
		三菱	西门子 S7-200/SMART	
25	5004 产品已产量	D435	VW470	
26	5005 产品已产量	D436	VW472	
27	5006 产品已产量	D437	VW474	
28	备用寄存器	D438	VW476	

　　关于订单状态的说明：在订单 1 和订单 2 中，订单状态默认为"空订单"，当订单的排产量、槽位号在规定范围内设置时，MES 系统订单状态自动显示"等待生产"，订单执行过程中显示"正在生产"，当客户取消订单时，显示"取消订单"，当订单执行完，显示"生产完毕"。订单只有客户可以取消，且在订单执行过程中不可取消。若在订单执行之前取消订单，则订单状态会自动显示"取消生产"。

4. 订单 2 寄存器

序号	寄存器定义	地址规划		备注
		三菱	西门子 S7-200/SMART	
1	订单 2 编号	D439	VW478	编号值 10002
2	订单 2 状态	D440	VW480	0：空订单 1：等待生产 2：正在生产 3：取消生产 4：生产完毕
3	订单 2 收发状态	D441	VW482	0：未接收 1：已接收
4	5001 产品编号	D442	VW484	编号值 5001
5	5002 产品编号	D443	VW486	编号值 5002
6	5003 产品编号	D444	VW487	编号值 5003
7	5004 产品编号	D445	VW490	编号值 5004
8	5005 产品编号	D446	VW492	编号值 5005
9	5006 产品编号	D447	VW494	编号值 5006
10	5001 产品槽位号	D448	VW496	0：未选择槽位 1：槽位 1 2：槽位 2
11	5002 产品槽位号	D449	VW498	
12	5003 产品槽位号	D450	VW500	
13	5004 产品槽位号	D451	VW502	
14	5005 产品槽位号	D452	VW504	
15	5006 产品槽位号	D453	VW506	

续表

序号	寄存器定义	地址规划		备注
		三菱	西门子 S7-200/SMART	
16	5001 产品排产量	D454	VW508	范围：0～2（当排产量为 0 时，表明客户未选择该产品）
17	5002 产品排产量	D455	VW510	
18	5003 产品排产量	D456	VW512	
19	5004 产品排产量	D457	VW514	
20	5005 产品排产量	D458	VW516	
21	5006 产品排产量	D459	VW518	
22	5001 产品已产量	D460	VW520	
23	5002 产品已产量	D461	VW522	
24	5003 产品已产量	D462	VW524	
25	5004 产品已产量	D463	VW526	
26	5005 产品已产量	D464	VW528	
27	5006 产品已产量	D465	VW530	
28	备用寄存器	D466	VW532	